通过环境无害化管理减少电器电子产品的生命周期内
持久性有机污染物和持久性有毒化学品的排放项目

江苏省废弃电器电子产品规范化精细拆解技术指南
TECHNICAL GUIDE

江苏省电子废物POPs/PTS减排示范项目办公室 编著

河海大学出版社
HOHAI UNIVERSITY PRESS
·南京·

图书在版编目(CIP)数据

江苏省废弃电器电子产品规范化精细拆解技术指南 / 江苏省电子废物 POPs/PTS 减排示范项目办公室编著. — 南京 ：河海大学出版社，2019.8

ISBN 978-7-5630-6113-6

Ⅰ. ①江… Ⅱ. ①江… Ⅲ. ①日用电气器具—废弃物—废物处理—江苏—指南②电子产品—废弃物—废物处理—江苏—指南 Ⅳ. ①X76－62

中国版本图书馆 CIP 数据核字(2019)第 181413 号

书　　名 江苏省废弃电器电子产品规范化精细拆解技术指南
书　　号 ISBN 978-7-5630-6113-6
责任编辑 龚　俊
特约编辑 梁顺弟
特约校对 丁寿萍
封面设计 槿容轩　张育智
出版发行 河海大学出版社
地　　址 南京市西康路 1 号(邮编:210098)
电　　话 (025)83737852(总编室)　(025)83722833(营销部)
经　　销 江苏省新华发行集团有限公司
排　　版 南京布克文化发展有限公司
印　　刷 虎彩印艺股份有限公司
开　　本 787 毫米×960 毫米　1/16
印　　张 4.75
字　　数 92 千字
版　　次 2019 年 8 月第 1 版
印　　次 2019 年 8 月第 1 次印刷
定　　价 50.00 元

前　　言

为落实我国履行《斯德哥摩尔公约》国家实施计划有关要求，切实减少电器电子产品生命周期内引发的持久性有机污染物排放，保护生态环境，生态环境部对外合作与交流中心（FECO）与联合国开发计划署（UNDP）合作开发了全球环境基金（GEF）“通过环境无害化管理减少电器电子产品的生命周期内持久性有机污染物和持久性有毒化学品（POPs/PTS）的排放”项目。

江苏省作为承担该项目的3个示范省/市（江苏省、湖北省、天津市）之一，成立了项目管理办公室。根据项目执行协议，依据《废弃电器电子产品回收处理管理条例》（国务院令第551号）、《电子废物污染环境防治管理办法》（原国家环境保护总局令第40号）及《废弃电器电子产品处理基金征收使用管理办法》（财综〔2012〕34号）等文件精神，在《废弃电器电子产品规范拆解处理作业及生产管理指南》的基础上，废弃电器电子产品拆解处理企业编写完成了《江苏省废弃电器电子产品规范化精细拆解技术指南》。基于全省8家废弃电器电子拆解处理企业实际拆解处理调研情况，指南主要包括废弃电器电子产品规范化精细拆解运营管理、拆解技术规程、拆解处理操作层面的规范和注意事项以及拆解危害的识别与控制等内容，从拆解回收的日常管理、规范化精细拆解的环保管理、规范化精细拆解的信息和监控管理、规范化精细拆解技术规程、废电路板及关键拆解物的处理等五个方面，指导企业更好地开展废弃电器电子产品拆解处理技术活动。本指南适用对象为江苏省内8家废弃电器电子产品拆解处理企业和其他非定点但从事废弃电器电子产品拆解处理以及线路板边角料等回收利用的企业。

与国家相关部委颁布的《废弃电器电子产品规范拆解处理作业及生产管理指南》（2015年版）（下称《国家指南》）相比较，本项目制定的《废弃电器电子产品规范化精细拆解技术指南》（下称《江苏指南》）有以下特点和区别。

1. 编制目的和用途不同。

《国家指南》的编制目的主要是为贯彻《废弃电器电子产品回收处理管理条例》

(国务院令第551号)、《电子废物污染环境防治管理办法》(原国家环境保护总局令第40号)及《废弃电器电子产品处理基金征收使用管理办法》(财综〔2012〕34号),提高废弃电器电子产品处理基金补贴企业规范生产作业和环境管理水平,保护环境,防治污染。

《江苏指南》的编制目的主要是为了通过环境无害化管理减少电器电子产品的生命周期内持久性有机污染物和持久性有毒化学品(POPs/PTS)的排放,提高电器电子产品拆解回收的精细化和规范化程度,进而提高企业的经济效益和减少二次污染物的排放。

2.拆解回收操作更加精细化和具有实践指导价值。

《国家指南》对于指南的适用范围、适用性、拆解基本要求、排放标准和拆解产物处理等都作了原则性的规定,作为国家层面的指南具有很强的指导意义。

《江苏指南》更多的是从废弃电器电子产品拆解回收的流程出发,对其从过程的具体细节进行描述,包括"生产管理——供应链管理——物流和仓储管理——设备管理——人员管理和培训——财务管理——记录管理——统计管理——安保管理——职业健康安全管理——应急管理"等全生产链条,对于定点和非定点拆解企业均具有操作层面的指导价值。同时,《江苏指南》在制定具体的规范化精细拆解运营管理制度时遵循"不得与现行的国家政策和行业管理规定相违背;企业制度必须严于行业、地方和国家规定或标准;严格按照法律法规的要求,减控二次污染"的原则,是《国家指南》的细化和实践。

3.《江苏指南》依据国家定点企业——常州翔宇资源再生科技有限公司的具体拆解实践,对每一拆解处理环节均给出了具体的车间和设备现场图以及拆解回收的生产指标,对同类企业具有借鉴意义。

4.《江苏指南》给出了拆解余物的具体去向和深加工案例,包括脂塑型材产品、道板砖产品等,同时对于最难以资源化的废电路板的拆解回收进行了若干研究,将最新的一些研究成果(如废弃电器电子产品线缆的回收)放入指南中,供同行企业参考。

本书的主要编制人员包括江苏省示范项目办公室(由江苏省固体废物监督管理中心和江苏省环境科学研究院联合成立)余辉、姚敏、王玲玲、吴军莲、周思聪、沈汇超等。协作单位及编制人员如下:常州工学院周全法;江苏理工学院徐红胜、毕承路、朱炳龙、赵文杰、黄继忠、周雅雯、梁志强、陆静蓉、陈科;示范企业常州翔宇资源再生科技有限公司樊文建、陈成、郭云飞、余人杰、谢清坡等。

目　录

第一章

拆解处理的运营管理

废弃电器电子产品拆解处理企业所涉及的管理内容包括但并不限于以下内容:生产管理——供应链管理——物流和仓储管理——设备管理——人员管理和培训——财务管理——记录管理——统计管理——安保管理——职业健康安全管理——应急管理等。

废弃电器电子产品拆解处理的流程如图 1-1 所示。

废弃电器电子产品——供应链(采购)+ 物流(进)管理

↓收集 + 临时贮存 + 运输

拆解处理企业——生产+仓储+设备+人员+财务+记录+安保管理等

↓拆解 + 分类 + 破碎分选 + 二次污染控制

可销售拆解产物拆解产物 + 固体废物固体废物——供应链(销售)+物流(出)管理

图 1-1　废弃电器电子产品拆解处理的流程

1.1　生产管理

生产管理包括与废弃电器电子产品拆解处理过程相关的生产计划、生产作业规程、生产现场管理等规章制度。

1.1.1　生产计划

生产计划分为三类:年度生产计划、季度或月度生产计划、日生产计划。

年度生产计划的制定依据:上级生态环境部门核准的废弃电器电子产品处理资格证书经营范围,定点拆解年度处理能力批文,市场和企业的实际情况。

定点拆解处理企业的年度计划不得高于经生态环境部门批准的年度处理能

力，不得低于年度处理能力批文的20%。

季度或月度生产计划的制定依据：废弃电器电子产品拆解处理年度计划及年度内周期性供应量的变化情况，企业的季度或月度资金、人员和设备状况。

季度或月度生产计划中应当明确各类拆解产物的销售和委外处理、固体废物的种类和产生量等事项。

日生产计划的制定依据：季度或月度生产计划、相关拆解处理生产线的人员和设备状况。日生产计划应包括日拆解作业计划和日贮存作业计划。

日拆解作业计划应明确当天生产日周期内（下同）计划拆解作业的废弃电器电子产品种类、作业班组、生产线、生产和运输工具等；每条拆解生产线当天拆解作业尽量安排同类别、同规格废弃电器电子产品拆解；如确需安排变更拆解处理种类，应当将同类别、同规格的废弃电器电子产品集中拆解完毕，并将拆解产物计量称重后再变更类别和规格；应明确拆解产物的入库要求，做到日产日清。

日贮存作业计划应明确当天生产日周期内废弃电器电子产品入厂、入库和入生产线计划以及当天拆解产物出厂计划。

1.1.2 生产作业规程

从事废弃电器电子产品拆解处理活动的相关企业应根据本指南要求，结合工艺设备、人员特点等实际情况，编制企业生产作业规程，明确各环节、各工位生产操作的标准。

1.1.3 生产现场管理

生产现场管理的内容包括现场管理人员的配备、现场管理制度的制定和实施、异常情况的处理机制等内容。

(1) 现场管理人员

总负责人建议为企业生产副总或现场处理负责人；处理线负责人建议为车间主任或相关人员；安全环保负责人建议由生产线负责人兼任，各岗位或班组负责人具体实施安全环保要求；作业工人必须服从上级指令并做好现场日常管理。

(2) 现场管理制度

包括通风、集尘、除尘、降噪等环保制度，劳动防护和安全制度，用电制度，运输工具使用制度，各岗位操作规程等。废弃电器电子产品拆解处理企业必须建立健全交接班制度、上岗前集体安全教育制度和生产作业监督机制，及时纠正不规范操作。

（3）异常情况反应和处理机制

视频监控设备故障或停电时，应当立即通知生产线暂停相应点位拆解处理作业，待故障排除或恢复供电后再恢复作业；拆解生产线停电或设备故障无法完成拆解作业时，应当停止作业，维持现状，待故障排除或恢复供电后再恢复作业；因停电、视频监控设备故障、拆解生产线或设备故障等原因造成的已出库但尚未进入拆解处理作业环节的废弃电器电子产品，应当待故障排除或恢复供电后再继续拆解处理作业；对于已经开始手工拆解部分的废弃电器电子产品，可以暂停生产活动，也可以组织手持录像设备对手工拆解作业环节进行录像；对于已经完成手工拆解，但尚未进行后续处理的中间拆解品，应当停止生产作业，维持现状，直到排除故障或恢复供电；做好异常情况记录。

1.2　物流管理

1.2.1　进出厂管理

（1）货物运输车辆必须从企业指定的进出厂唯一通道进出，并防止货物和包装损坏、遗撒或泄漏。相关视频监控必须能够清晰识别车辆和进出情况。

（2）对货物运输车辆必须进行基本信息登记、过磅、查验、打印磅单。

（3）送货车辆、拆解产物运输车辆应当做到当日进厂当日出厂，避免运输车辆在厂内停留过夜。确实无法当日出厂的，车辆应当在视频监控范围内的固定区域停放，并做好过夜管理记录。

1.2.2　厂内运输管理

（1）应对废弃电器电子产品及其拆解产物的厂内运输方案进行优化设计，尽量缩短转运路线和转运次数。生产车间、库房及其他厂区范围内宜明确标识车辆、人员通道及其行进方向。

（2）厂内装载和卸载废弃电器电子产品及其拆解产物的区域应当相对固定。应采取措施防止运输、装载和卸载过程中发生碰撞或跌落。

1.3　仓储管理

仓储管理应当做到各类货物合理分类、分区存放、容器专用、标识清楚、进出账目准确。

1.3.1 分区存放

废弃电器电子产品及其拆解产物和最终废弃物应当合理分类并按类别分区存放;各分区应当在显著位置设置标识,标明贮存物的类别、编号、名称、规格(重量、数量)、注意事项等;废弃电器电子产品、一般拆解产物、危险废物不得混用贮存区域,应当根据其特性合理划分贮存区域,采取必要的隔离措施。

1.3.2 使用专用容器

废弃电器电子产品及其拆解产物和最终废弃物应使用专用容器或包装物进行存放。废弃电器电子产品应当整齐存放在统一规格的笼筐、托盘或者其他牢固且易于识别内装物品的容器或者包装物中;需要多层存放的,采取防止跌落、倾倒措施,配置牢固的分层存放架;关键拆解产物和危险废物应当使用专用容器或者包装存放,塑料、金属等其他拆解产物可以打包存放;同种拆解产物的容器宜一致,不同类别拆解产物不得混装;含液体物质的零部件(如尚未滤油的压缩机等)、部分种类的电池、电容器以及腐蚀性液体(如废酸等)应当存放在防泄漏、防腐的专用容器中;无法放入常用容器的危险废物可用防漏胶袋等盛装;容器材质应当与危险废物不相容(不发生化学反应);不得将不相容或相互反应的危险废物放在同一容器内。

每个专用容器(包括以打包形式存放的拆解产物)均应当配置标注其内装物的种类或类别、数量、重量、计量、称重时间、入库时间等基本信息的标签;贮存危险废物的容器,其标识应当符合《危险废物贮存污染控制标准》(GB18597)。

1.3.3 危废存放

属于危险废物或要求按危险废物进行管理的拆解产物,应当贮存于危险废物贮存场地;贮存使用环戊烷发泡剂、异丁烷制冷剂(600a 制冷剂)等物料或材料的电冰箱,应注意贮存环境的通风;宜在专用的、具有防雨棚的室外贮存场地贮存,或在具有地面强制排风、防爆燃等措施的室内贮存场地贮存;贮存区有足够的安全防护距离;做好防雷、防静电、保护和工作接地设计,满足有关规范要求;不具备安全收集异丁烷、环戊烷设备条件(如浓度监测、氮气保护、可燃气体稀释等措施)的处理企业,含该类物质的冰箱贮存前应当剪断压缩机和蒸发器的连接管,在具有良好通风条件处贮存,确保压缩机中的异丁烷放空。

1.3.4　原料入库

废弃电器电子产品应该按照基金补贴类和非基金补贴类进行分类入库。

属于基金补贴范围的废弃电器电子产品，应对其完整性进行检查，主要零部件是否齐全。符合规定的，进行称重、分类别和规格入库并登记入库信息，建立入库台账。

对于虽然属于基金补贴范围，但是主要零部件缺失的废弃电器电子产品，以及不属于基金补贴范围的废弃电器电子产品及其零部件，按照非基金补贴业务单独管理，原则上不得拒收。

"四机一脑"分类入库要求如下。

电视机：CRT 电视机按黑白、彩色及背投电视机的类别、尺寸分别检查主要零部件是否完整，根据完整情况分类入库。平板电视机按液晶、等离子等电视机的类别，同上要求检查入库。

电冰箱(含冰柜)：通过冰箱标示或者压缩机上标示辨识制冷剂、保温层发泡剂种类。无法通过标示辨识发泡剂类型的，建议使用专业仪器检测是否含有环戊烷发泡剂，并分别标明；检查主要零部件情况；根据是否含有易燃易爆物质对冰箱进行分类，分尺寸向上(正常)竖直放入周转筐入库，登记制冷剂、发泡剂种类、容积等信息。其中，制冷剂及发泡剂均为氟利昂类物质的可归为同一类，进入室内贮存场地贮存；制冷剂及发泡剂为非氟利昂类的易燃易爆物质的可归为同一类，进入专用的室外贮存场地贮存。

洗衣机：检查主要零部件情况，分类、分规格入库。

房间空调器：检查主要零部件情况，分类、分规格入库。

微型计算机：台式微型计算机显示器分类入库要求同电视机分类入库要求。一体式和便携式微型计算机检查主要零部件情况，分类、分规格入库。

1.3.5　拆解产物入库

基本要求：所有拆解产物应当分类、打包(或装箱)、称重、入库。

特殊要求：除日产生量较小的荧光粉、制冷剂等物质外，当天产生拆解产物应当当天入库；直接使用拆解产生的废塑料进行造粒等加工，不添加其他原料，且在加工过程中不发生物质重量、化学特性等变化的，可以将加工后的产物作为拆解产物称重入库管理；采用 CRT 玻璃整体破碎、清洗方式收集荧光粉的，以清洗后的玻璃、含荧光粉污泥或粉尘作为拆解产物称重入库；涉及印刷电路板破碎分选金属和非金属的，废压缩机、废电机二次拆解或破碎分选金属的，加入其他原料进行塑料深加工的，应当进行拆解产物称重入库操作后再出库进行二次加工。

1.3.6 出库管理

根据生产计划安排废弃电器电子产品出库，出库时核对出库与领料信息匹配情况；拆解产物出库时，核对出库与销售信息匹配情况；根据生产计划安排产成品出库，出库时核验容器标签与所装物品匹配情况，登记出库信息。

1.3.7 库房盘点

建议每月定期开展库房盘点，并建立完善的库房盘点记录，确保各库房存放物品与台账相符。危险废物贮存应当按照国家危险废物贮存有关要求进行管理。

1.4 设备管理

废弃电器电子产品处理处置设备包括拆解流水及相关设备线、分选流水线及相应设备、运输工具、安全和环保设备等。相关设备管理主要分为运行管理和维保管理等。当主要生产处理设施设备、污染防治设施设备、视频监控设备发生故障，或者处理设施、设备进行长期停产维护、重大改造或对处理工艺流程进行重大调整时，处理企业应当及时向当地县级和设区的市级生态环境部门报告，并做好工作记录。

1.4.1 运行管理

使用废弃电器电子产品处理处置的各类设备的人员应在使用设备之前，了解和熟悉设备使用手册、日常维护保养要求和操作规程；在熟练工的指导下学会使用设备后才能独立操作设备；做好设备日常运行过程中相关记录，发现问题及时维修；定期检查设备状况，做好日常运行维护工作。

1.4.2 维修保养管理

企业根据设备的性质和使用频率建立设备维修保养制度，明确日常点检、维修保养的要求与内容。设备维修保养内容如表 1-1 所示。

表 1-1 设备维修保养内容

保养类别	时间	内容	人员	记录
日常保养	每天例行保养	班前班后认真检查清洗设备，发现问题或故障及时排除，并做好交接班记录	设备操作工	填写运行设备交接/日常保养记录
预修保养	根据年度保养计划，结合生产和设备情况，对设备进行检修	对设备易损部位进行局部解体清洗，检查排除故障及定期维护	维修工为主，操作工为辅	根据设备预修实施计划要求申请执行，并填写设备保养记录
大修	根据年度保养计划、设备使用状况，申请大修	对设备进行全面全方位大修，更换到期部件和受损部件，恢复最佳性能，满足正常运转	承接单位及维修工	填写大修/改造申请报批，完成后填写大修/改造验收鉴定记录

1.5 供应链管理

废弃电器电子产品拆解处理的供应链管理主要包括供应商管理和拆解产物接收者管理两个部分。

1.5.1 供应商管理

废弃电器电子产品拆解处理的供应商管理的内容包括：

供应商的信息档案管理：供应商包括商场、企事业单位、废品收购站、个体经营者等。必须建立供应商与所供废弃电器电子产品的一一对应关系。

所供废弃电器电子产品的合法性管理：通过供应商的信息档案管理，确保回收的废弃电器电子产品来源合法，并可实现回收信息追溯。

合同管理：拆解回收企业与废弃电器电子产品供应商之间必须签署规范的回收合同。结合生产计划要求，合理安排废弃电器电子产品的供应数量。

1.5.2 拆解产物接收者管理

废弃电器电子产品拆解产物的接受者管理的内容包括：

拆解产物接受者的资格管理：根据拆解产物的属性，制定拆解产物接受者资格和标准。确保拆解产物进入符合环境保护要求的利用处置单位。

拆解产物接受者的信息档案管理：建立接收单位信息档案，实现拆解产物转移信息的可追溯。

危险废物转移管理：对于属于危险废物的拆解产物，相关接受者应出具相应的危险废物经营许可资质，办理相关危险废物转移手续后方可进行转移。

1.6 人员管理

废弃电器电子产品拆解回收企业的人员管理包括人员常规管理和职业健康安全管理两个部分。

1.6.1 人员常规管理

员工信息登录制度：对所有从事废弃电器电子产品拆解回收和管理的各类人员，建立健全员工信息登录系统，按照现代企业管理规定办理相关用工手续。

职业资格准入制度：按照环保、安全等管理部门的要求，配齐配足安全、质量和环境保护等各专业技术职业资格准入的员工。

岗前和日常培训制度：建立健全员工岗前培训和日常培训制度，培训内容包括管理制度、岗位业务规范、主要设备使用规程、职业健康安全规范、劳动保护规范、应急预案等。

日常管理制度：建立员工考勤、工资、奖惩等日常管理制度。

1.6.2 职业健康安全管理

根据职业健康、安全生产等主管部门的要求，建立健全职业健康安全管理有关制度。

通过正确的设计、工程技术、管理控制、预防保养、安全操作程序（包括锁死/标出）和持续性的安全知识培训，控制员工在工作场所和生产过程中会遇到的各类可能导致人身伤害的潜在危险。

对于易发生人身伤害危险的环节，为员工提供有针对性的、有效的个人防护装备和用品。为操作工人提供必要的防护用品，包括：服装、防尘口罩、安全帽、安全鞋、防护手套、耳塞、护目镜等防护用品；对从事 CRT 除胶、拆除防爆带、锥屏玻璃分离设备操作的工人，要求穿/佩戴防护服装、防尘口罩、护目镜、隔热手套等防护用品；拆解异丁烷(600a)制冷剂的电冰箱时，工人应当穿着防静电工作服；从事大件废弃电器电子产品搬运的工人应当穿硬头安全鞋；消耗品（如防尘口罩滤芯等）定期更换。

配备应急灯和事故柜，必要时配备氧气呼吸器和过滤式防毒面具及相应型号的滤毒灌，由气防站的专职人员定期检查和更换；对生产设备和其他机器作危险性评估。为可能对工人造成伤害的机械提供物理防护装置、联动装置以及屏障。

合理安排工作制度，包括人工搬运材料和重复提举重物、长时间站立和高度重复或强力的装配工作。

主要负责人和安全生产管理人员应具备与所从事生产经营活动相应的安全生产知识和管理能力，负责督促操作人员按规定穿着、佩戴防护服装和用品，执行安全生产要求，对违规者进行处罚。

1.7 应急预案管理

根据相关主管部门的要求，制定环境、防汛、消防、职业健康等应急预案。定期组织对各类应急预案进行评估和完善，落实各类应急预案相关责任人及其工作任务。定期开展演练并做好演练记录。

1.7.1 环境应急预案

环境应急预案的编制：参照《危险废物经营单位编制应急预案指南》（原国家环境保护总局公告 2007 年第 48 号），编制突发环境事件的防范措施和应急预案，包括总则、应急组织指挥体系与职责、预防与预警机制、应急处置、后期处置、应急保障和监督管理等。

环境应急预案的执行发生突发环境事件时，处理企业立即启动相应应急预案，并按应急预案要求向相关主管部门报告。

1.7.2 安全应急预案

安全应急预案编制：参照《生产经营单位安全生产事故应急预案编制导则》（GB/T 29639）和有关主管部门要求，编制突发安全生产事故的防范措施和应急预案，包括总则、生产经营单位的危险性分析、组织机构及职责、预防与预警、应急响应、信息发布、后期处置、保障措施、培训与演练等。

安全应急预案演练：定期开展演练和演练总结。应明确每个岗位的职责，制定各个岗位从业人员的培训计划（针对该岗位的管理程序和应急预案的实施等）；采用理论和操作培训手段、培训应急程序、应急设备、应急系统、通讯联络或警报系统、火灾或爆炸的应对、环境污染事件的应对等。

1.7.3 防汛、消防应急预案

防汛、消防应急预案的编制：依据《机关、团体、企业、事业单位消防安全管理规定》（公安部令第 61 号）和有关主管部门的要求，制定防汛应急预案消防应急预案。

防汛、消防应急预案的执行：落实逐级防汛、消防安全责任制和岗位防汛、消防安全责任制；明确逐级岗位职责，确定各级、各岗位的安全责任人；应急时执行预案。

第二章

规范化精细拆解技术规程

将废弃电器电子产品及其配件进行拆解并将拆解产物进行合理分类，是废弃电器电子产品资源化利用的重要工序。本章主要介绍“四机一脑”的规范化精细拆解技术规程。

2.1 电视机拆解

目前，废弃电器电子产品拆解处理企业所拆解的电视机主要有阴极射线管(CRT)电视机(黑白、彩色)、平板电视机和其他电视机。

2.1.1 CRT 电视机

CRT 电视机的主要部件有电源线、前面板、后壳、电路板、高压帽、喇叭、偏光调节圈、偏转线圈、消磁线、接地线、变压器、高频头、显像管、防爆带等。平板电视的结构主要部件有电源线、电视机底座、后壳、音响喇叭、主电路板、主控线路板、驱动线路板、荧光灯管的背光模组、非荧光灯管的背光模组、液晶面板、前壳等。

CRT 电视机、电脑显示器拆解流程如图 2-1 所示。

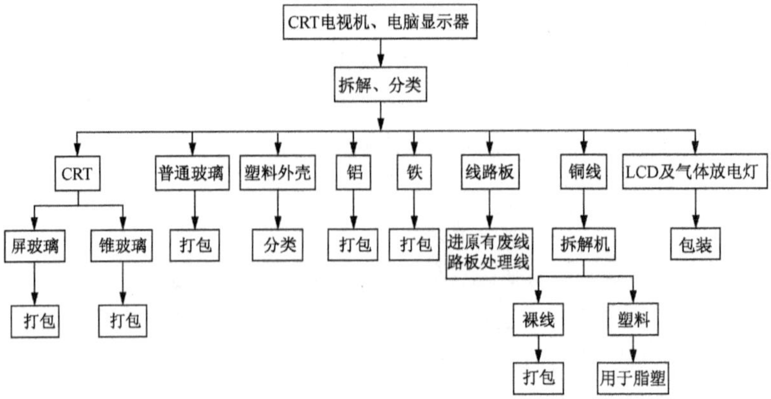

图 2-1　CRT 电视机、电脑显示器拆解流程图

2.1.1.1　拆解生产线和物料准备

（1）拆解生产线

CRT 电视机和电脑显示器的规范化精细拆解采用流水线作业。在正式开始拆解作业前，应保证拆解生产线功能正常，包括电源、机械传送部件、拆解电动和手动工具、拆解产物收集容器、粉尘收集系统、电视机运输系统等。常见的 CRT 电视机拆解流水线和显示器回收设备如图 2-2 所示。工具设备主要有叉车、专用容器、传送带、风批、剪刀、钳子、套管、砂轮片、切割设备、除胶设备等。

电视机拆解线

电热丝切割设备

图 2-2　常见的 CRT 电视机拆解流水线和切屏线

（2）物料准备

根据每日生产计划，将待拆解的 CRT 电视机和电脑显示器从原料库领料后用叉车搬运到拆解线物料入口处或工位，将待拆解的 CRT 电视机和电脑显示器搬上拆解台或上料口。领料过程中要求核对物料规格数量并记录，搬运过程中注意防止物料滑落。

2.1.1.2 拆解流程

（1）电源线的拆解：用剪刀、钳等工具于机体根部整齐剪切、分离电源线。

（2）电视机后壳的拆解：将电视机小心放在工作台上，面板朝下，电视机后盖朝上，用风批将后盖上的固定螺钉全部旋下，用两手抓住电视机后壳慢慢向上提起，检查电视机内部线路板是否与后壳脱开，部分电视机后壳上开有用来固定线路板的槽口或卡子，若有则应拆除电视机后壳上的相连部件，拆除后壳，清理机内积尘。

CRT电视机壳主要由前壳和后壳两部分组成。电视机大部分部件都以不同的方式固定在电视机前壳上。前壳既是机内元件的重要保护壳，又是连接这些元器件的桥梁和固定元器件的骨架。在一般情况下，仅需要卸掉后壳即可将机内部件拆下。

（3）扬声器的拆解：用风批旋下固定低音喇叭和高音喇叭的螺丝，用剪刀剪除连接线，取出扬声器。

（4）高频头的拆解：用风批旋下高频头安装支架上的固定螺丝，卸下高频头组件及安装支架。

高频头一般存在于黑白电视机中。高频头的作用就是将微弱的视频信号进行放大，并且对传输不稳定引起的图像变形与干扰进行处理。视频处理芯片决定影像的分辨率，而高频头则决定影像的稳定性。

（5）变压器的拆解：用剪刀剪除变压器上的连接线，用风批旋下固定变压器的螺钉、螺母，取下变压器。

变压器是电视机中把交流220 V的电压降低的器件。变压器多存在于黑白电视机及少量的彩色电视机中。

（6）电位器组件的拆解：用剪刀剪除电位器上的连接线，用风批旋下固定电位器的螺母，取下各电位器。

电位器组件，多存在于黑白电视机中，是用来调节音量、音调、亮度和对比度电位器的组合。

（7）电路板的拆解：用钳或剪刀切断电线，取出线路板。将线路板上的电线切断后进行收集。

电视机的绝大部分电路元件都安装在主印制板上，它的任务是完成电压和信号的处理，使电视机正常工作。

（8）电子枪、高压帽、偏光调节圈、偏转线圈的拆解：取下电子枪端电路板，用钳夹裂管颈管上端玻璃，取下电子枪，拆除高压帽，用风批旋下螺丝，拆下偏光调节圈，拆下偏转线圈。在拆解过程中要求完整分离，防止粗暴拆解造成CRT破裂。

（9）消磁线、防静电线的拆解：在拆解消磁线、防静电线前，首先确认已经泄压（拆除高压帽，解除真空），用剪刀于机体侧根部整齐剪切、分离消磁线、防静电线。

(10) 四角螺丝、前壳的拆解：电视机后盖、扬声器、高频头、变压器等拆完后，将电视机面板朝下放置，用风批分别旋下电视机内部四角螺丝，主要目的是为方便下一道工序电视机前壳的拆解。在拆解前壳时，应当小心搬运 CRT，防止滑落，将前壳与 CRT 分离。

(11) 防爆带的拆解：防爆带的作用是固定 CRT，拆解时，应确保高压帽、电子枪已经拆除，用切割设备切割防爆带，注意不要切到玻璃，防止 CRT 滑落。

(12) 屏锥分离和荧光粉的收集：屏锥分离（包括以屏锥分离方式处理黑白 CRT）时应当主要依靠分离设备进行。分离设备应当通电工作。不得使用摔、砸、敲等粗暴作业方式。特殊情况下使用分离设备无法完全分离时，可以使用辅助工具进行人工分离，并应当将粘连在屏玻璃上的锥玻璃取下。使用分离设备进行屏锥分离时，合理设置分离设备的电压、电流、分离时间等参数，小心操作，防止屏面、锥体破碎。屏锥分离应当在负压环境下操作，控制粉尘无组织排放，应当防止锥玻璃混入屏玻璃。屏面玻璃破碎（分离成两块及以上）的比例应当控制在 20%以内。为了进一步避免彩色 CRT 屏锥分离时屏玻璃中混入含铅玻璃，建议现有设备的分离位置在屏玻璃与锥玻璃结合部向屏玻璃方向适当下移。为方便屏玻璃与含铅玻璃分离，可在分离位置提前做出划痕。

屏锥分离时，先将 CRT 放入分离设备中进行加热，根据国家相关时间要求进行加热，加热后将 CRT 轻轻取出，放置在操作台。这时，用工具轻轻敲打加热线将屏玻璃和锥玻璃分离，取出荫罩板。注意操作过程中防止玻璃飞溅伤人。

屏锥分离后，屏玻璃中含有荧光粉，用专用吸尘器吸取屏玻璃内面、四角及四侧边荧光粉，应保证完全收集并将收集的荧光粉密封贮存，荧光粉属于危险废物，收集后应交由有资质单位处置。

CRT 电视机及电脑显示器拆解流程如图 2-3 所示。

上料		将电视机从仓储笼搬到流水线上

拆后壳		将电视机后壳卸下
拆线路板		将线路板剪下
拆扬声器	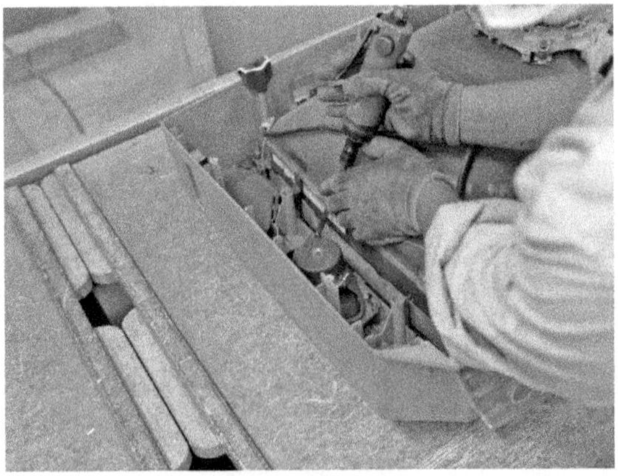	拧开螺丝卸下扬声器

拆偏转线圈	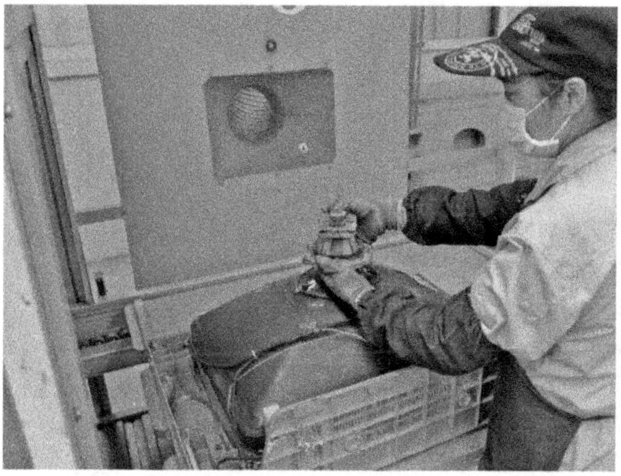	将偏转线圈卸下
拆电子枪	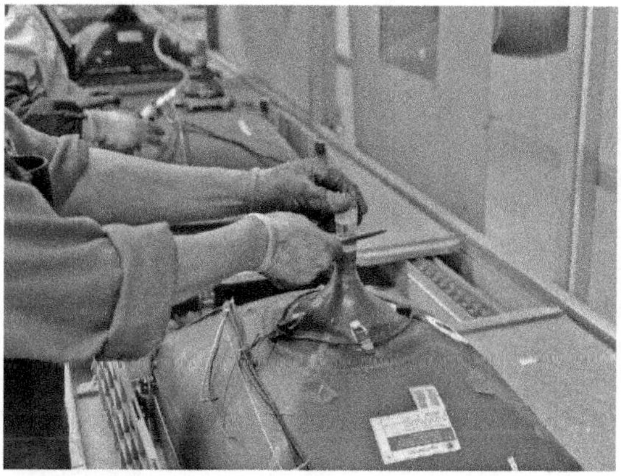	用砂轮切割机或切割器将电子枪玻璃敲碎
剪消磁线		将消磁线剪掉将消磁线剪掉

剪防静电线		将防静电线剪掉
拆四角螺丝		将电视机前壳四个角的螺丝卸下
拆前壳		将电视机前壳和CRT分开

进料		通过传送带将 CRT 显示器送入密闭屏锥分离车间
拆防爆带	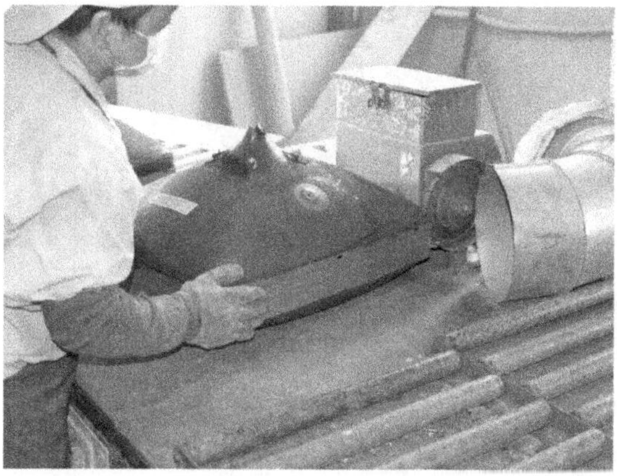	将防爆带切断
锥玻璃切割		电热丝切割机器

取锥玻璃		取下屏锥分离后的锥玻璃
取荫罩板		取出荫罩板
吸荧光粉	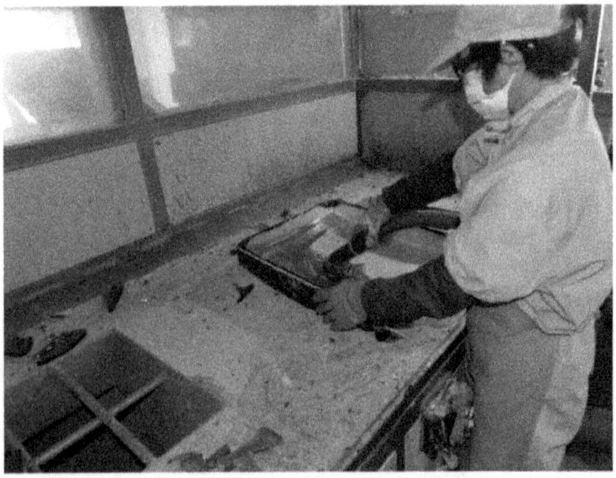	用吸尘器将屏玻璃上的荧光粉吸干净

收集屏玻璃、锥玻璃		用太空包收集破碎的屏锥玻璃
打包荫罩板		用打包机打包荫罩板
打包防爆带		用打包机打包防爆带

图 2-3　CRT 电视机、电脑显示器拆解流程示意图

2.1.2 平板电视机

2.1.2.1 拆解生产线和物料准备

（1）拆解生产线

平板电视机和电脑液晶显示器的规范化精细拆解采用流水线作业。所用生产线与CRT显示器的拆接线有较大差异。在正式开始拆解作业前，应保证拆解生产线功能正常，包括电源、机械传送部件、拆解电动和手动工具、拆解产物收集容器、粉尘收集系统、电视机运输系统等。工具设备主要有叉车、物料笼、传送带、风批、剪刀、钳子等。

（2）物料准备

根据每日生产计划，将待拆解的平板电视机和电脑液晶显示器从原料库过磅领料后用叉车搬运到拆解线物料入口处或工位，将待拆解的平板电视机和电脑液晶显示器搬上拆解台或上料口。领料过程中要求核对物料规格数量并记录，搬运过程中注意防止物料滑落。

2.1.2.2 拆解流程

（1）电源线的拆解：用剪刀、钳等工具于机体根部整齐剪切、分离电源线。

（2）底座和后壳的拆解：在拆解底座和后壳时，先将平板电视机和电脑液晶显示器小心放在工作台上，面板朝下，用风批将底座和后壳上的固定螺钉全部旋下，然后用两手抓住平板电视机和电脑液晶显示器底座和后壳慢慢向上提起，检查底座和后壳上是否有相连部件，若有拆除相连部件，拆除后壳并清理机内积尘。

（3）扬声器的拆解：在拆解扬声器时，只需要用风批旋下固定低音喇叭和高音喇叭的螺丝，用剪刀剪除连接线，取出扬声器。

（4）主电路板的拆解：在拆解线路板时，用钳切断电线，取出线路板。线路板上的电线切断后进行收集。应保持电路板独立完整，拆除电源线。

（5）高压电路板、主控电路板的拆解：用风批旋下螺丝，拆下高压电路板和控制电路板，用剪刀剪下电源线，拆解过程中应当保持电路板独立完整。

（6）荧光灯管背光模组的拆解：拆解背光模组应当在负压环境下小心操作，用风批旋下固定背光源的螺丝，拆除背光源，拆除过程中应保证背光源完整无损，拆除后将荧光灯管放入专用密闭容器中，防止汞蒸气挥发。

(7) 非荧光灯管的背光模组的拆解:用风批旋下固定背光模组的螺丝,用剪刀齐着连接处剪断电源线,取出LED等背光源,分离光源和电源线。

(8) 拆卸前壳,取出液晶面板:用风批旋下固定前壳的螺丝,用剪刀剪切电源线,小心取出液晶面板,保证液晶面板与前壳分离,保证液晶面板完整。

2.1.3　规范化精细拆解要求

(1) 必须严格按照各工位的操作规程进行电视机和显示器的拆解,包括电视机和显示器的转运、流水线作业、拆解产物贮存等各个环节。严禁野蛮装卸、野蛮拆解和随意处理拆解产物。

(2) 每条流水线应保证有专人对各工位的规范性操作进行督促检查,及时纠正不规范的行为。

(3) 各拆解处理企业可以根据自身特点对电视机和显示器拆解的精细化程度提出要求和标准,但至少应该满足以下标准:电源线剪切规范并实行分类管理;电路板拆解规范并对不同大类的电路板进行分类存放;屏玻璃和锥玻璃实行严格的分类并分别存放;机内积尘的处理处置规范,车间和工位抽风系统正常工作;车间和工位整齐清洁。

(4) 在日生产计划中,做到统一部署拆解活动,根据所拆解的电视机和显示器的种类、规格、型号或品牌等进行统一规划,确保废电视机和显示器进入流水线之前分类清晰。每条流水线应根据拆解实践,及时提出规范化精细拆解的持续改进意见。

2.2　洗衣机拆解

洗衣机是一种利用电能驱动,依靠机械作用来代替人工洗涤衣物的家用电器。按结构形式可分为单桶、双桶和多桶型;按结构原理分为滚筒式、波轮式和搅拌式;按自动化程度可分为普通型、半自动型和全自动型。

单桶洗衣机主要为脱水桶、波轮洗衣机及滚筒洗衣机等。脱水桶功能单一,仅是衣物脱水的功能。

波轮洗衣机在洗衣桶的底部中心装置一个带凸筋的转轮(即波轮),在波轮的带动下,桶内水流形成了时而右旋、时而左旋的涡流,带动织物跟着旋转、翻滚,这样就能将衣服上的脏东西清除掉。

滚筒洗衣机由外筒和内筒组成,外筒主要是盛放洗衣液,内筒可旋转,主要用来盛放衣物，内筒壁上开有许多小孔，并且内壁上有凸起的筋，在电机及传动机构的带动下，内筒有规律地间歇正反向旋转，完成洗涤、漂洗、脱水等功能。

搅拌式洗衣机机体为一立筒，在桶内设一垂直的主轴，主轴上有搅拌翼，在电机及传动机构带动下，搅拌翼在正方向旋转，从而完成洗涤过程。

波轮式双桶洗衣机俗称半自动洗衣机，主要分为洗涤系统和脱水系统，洗涤系统包括洗衣桶、波轮、波轮组件、传动机构等组成，脱水系统包括电动机、脱水内外桶、脱水桶传动机构和脱水系统控制电路等。

洗衣机拆解流程如图 2-4 所示。

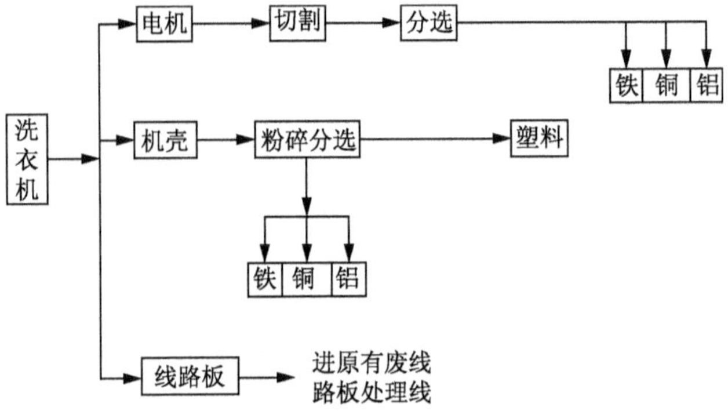

图 2-4　洗衣机拆解流程图

2.2.1　拆解生产线和物料准备

（1）拆解生产线

各类洗衣机的拆解采用流水线作业。拆解之前应保证拆解生产线功能正常，包括电源、机械传送部件、拆解电动和手动工具、拆解产物收集容器、粉尘收集系统、电视机运输系统等。常见的洗衣机拆解流水线如图 2-5 所示。洗衣机拆解流水线往往与废空调拆解流水线共用。所需工具设备主要有传送带、风批、钳子等。

（2）物料准备

根据每日生产计划，将待拆解的洗衣机从原料库过磅领料后用叉车搬运到拆解线物料入口处或工位，将待拆解的洗衣机搬上拆解台或上料口。领料过程中要求核对物料规格数量并记录，搬运过程中注意防止物料滑落。

图 2-5 常见洗衣机拆解流水线

2.2.2 拆解流程

(1) 剪电源线并投放洗衣机:用偏嘴钳将洗衣机的电源线在贴近机体部位处去除,余线不超过 2 cm。将剪下的电源线放到回收吨包进行回收,将洗衣机的进水管和排水管进行回收。人工将洗衣机搬到翻转机处,进行上料。

(2) 拆控制面板底座:用风批将洗衣机的控制面板和机身相连的螺丝进行拆解,用剪刀将开关和机身相连的电源线剪断并将电源线进行回收。将面板投放到传送带传至面板细拆工站,用风批、锤子和电动扳手等工具,将底座与机身相连的螺丝钉和卡子进行拆解,将洗衣机底座上的电源线与底座分离,底座电源线均通过导板送至皮带线。

(3) 拆卸外壳电机:用手将洗衣机的外壳和内桶进行分离,将洗衣机的外壳放到链板线上。用电动扳手将电机与内桶相连的螺丝钉进行拆解,用锤子将其与内桶上的电机、波轮轴拆除。将分离完的内桶放到回收传送链板上,拆解完后将工作台面上的螺丝扫到螺丝下料口收集。

(4) 细拆面板:取控制面板放到工作台上,用气动螺丝刀将旋钮器、薄铝定时器、程序控制开关、排水开关和蜂鸣器与控制面相连的螺丝钉进行拆解。用剪刀将控制面板上的定时器、程序控制、排水开关和蜂鸣器等物品相连的线材除去,剪切时,余线不能超过 2 cm,将剪下的定时器、程序控制、排水开关和蜂鸣器分别投放到指定区域。

(5) 液压机拆卸减速器:将洗涤桶放到液压冲床上启动下降开关,将减速器顶出,启动上升开关,使液压杆回位。卸掉内桶平衡圈、内桶底座、法兰盘固定螺丝,将平衡圈外的其他部件分别放入回收处，平衡圈单独处理，用气动（或电动）枪钻在平衡圈上打孔，将盐水排除放到盐水回收箱，把排尽盐水的平衡圈放到回收笼。

洗衣机拆解流程如图 2-6 所示。

上料		将洗衣机从仓储笼搬到流水线上
拆面板	 	将面板螺丝卸下，然后取下面板

<table>
<tr><td rowspan="2">拆后壳</td><td></td><td rowspan="2">将后壳螺丝卸下，然后取下后壳</td></tr>
<tr><td></td></tr>
<tr><td>拆电机</td><td></td><td>将电机拆下</td></tr>
</table>

拆电容		将电容剪下
拆定时器	 	将面板后的螺丝卸下，拿开覆盖板，剪下定时器

洗衣机电机打孔		1. 破坏绕组线圈，防止再使用； 2. 鉴别线圈材质
废塑料破碎	 	将废塑料放在传送带上，破碎机加工后，收集塑料碎片

图 2-6　洗衣机拆解流程示意图

2.2.3　规范化精细拆解要求

（1）必须严格按照各工位的操作规程进行洗衣机的拆解，包括洗衣机的转运、流水线作业、拆解产物贮存等各个环节。严禁野蛮装卸、野蛮拆解和随意处理拆解产物。

（2）规范收集和处置洗衣机的平衡盐水，做到集中收集和按照环保废水管理处置。严禁流入车间清洗用水或生活用水。

（3）每条流水线应保证有专人对各工位的规范性操作进行督促检查，及时纠正不规范的行为。

（4）各拆解处理企业可以根据自身特点对洗衣机拆解的精细化程度提出要求和标准，但至少应该满足以下标准：电源线剪切规范并实行分类管理；各类型定时器和铆钉等，分类存放和处置；不同种类的洗衣机外壳及其他塑料件，做到分类贮存；电路板拆解规范并对不同大类的电路板进行分类存放；机内积尘的处理处置规范，车间和工位抽风系统正常工作；车间和工位整齐清洁。

（5）在日生产计划中，做到统一部署拆解活动，根据所拆解的洗衣机的种类、规格、型号或品牌等进行统一规划，确保废洗衣机进入流水线之前分类清晰。每条流水线应根据拆解实践，及时提出规范化精细拆解的持续改进意见。

2.3　电冰箱拆解

电冰箱是保持恒定低温的一种制冷设备，也是一种使食物或其他物品保持恒定低温冷态的民用产品。箱体内有压缩机、制冰机、用以结冰的柜或箱；带有制冷装置的储藏箱。

2.3.1　拆解生产线和物料准备

（1）拆解生产线

各类冰箱的拆解采用流水线作业。拆解之前应保证拆解生产线功能正常，包括电源、机械传送部件、拆解电动和手动工具、拆解产物收集容器、粉尘收集系统、电视机运输系统等。常见的冰箱拆解流水线如图 2-7 所示。所需工具设备主要有起重设备、传送带、风批、剪刀、钳子、扳手、打孔机、铁锤、制冷剂回收机等。

（2）物料准备

根据每日生产计划，将待拆解的冰箱从原料库过磅领料后用叉车搬运到拆解线物料入口处或工位，将待拆解的冰箱搬上拆解台或上料口。领料过程中要求核对物料规格数量并记录，搬运过程中注意防止物料滑落。

废冰箱回收生产线

图 2-7　常见冰箱拆解流水线

2.3.2　拆解流程

电冰箱拆解流程如图 2-8 所示。

（1）门及其密封圈的拆解：冰箱从周转容器中搬运至预处理工位，用风批旋下冰箱门有箱体连接处的螺丝，卸下冰箱门，分类收集在周转容器中，等待进入破碎设备进行拆解。将贴敷在冰箱门内侧的密封圈取出放入回收容器中。

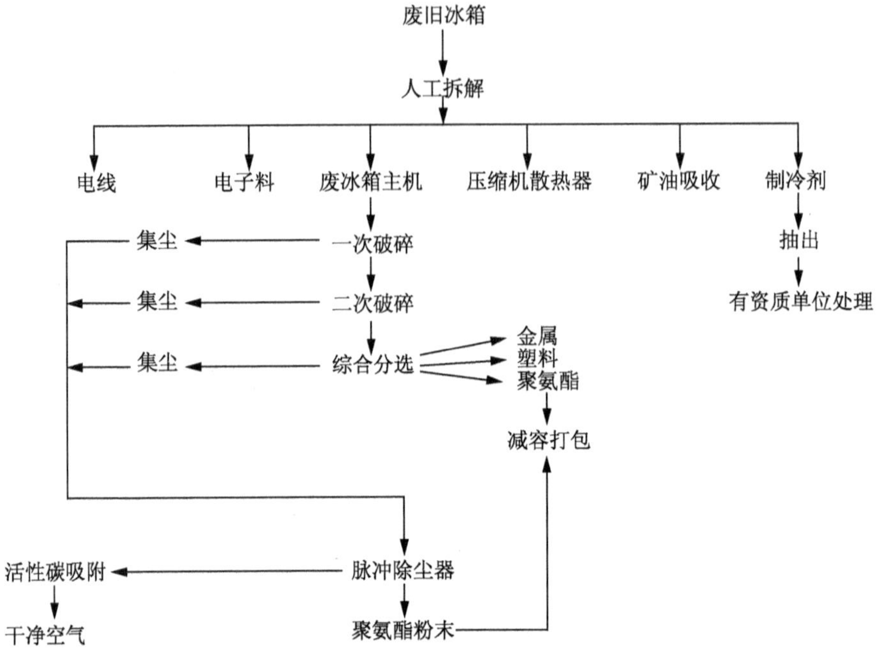

图 2-8　电冰箱拆解流程图

(2) 制冷剂的回收：收集完好的压缩机中属于消耗臭氧层物质的制冷剂。首先要检查冰箱铭牌，确认制冷剂类别，用制冷剂回收机上的钳夹住压缩机上连接的铜管，回收制冷剂，回收的制冷剂分类贮存在专用容器中。制冷剂属于危险废物，应交由有资质单位处置。

(3) 预处理：制冷剂回收后，在箱体进入破碎设备前对箱体进行预处理，预处理后拆解的部件分类存放。

塑料的回收：冰箱箱体上面有一层塑料盖板，取下塑料盖板，对塑料部件的材质、颜色等进行分类并放入容器内。

冰箱固定件的回收：冰箱门和冰箱箱体连接处通常采用金属材质，用切割机切割固定件，取下金属放入容器内。

玻璃的回收：冰箱箱体内部有玻璃隔板，取下玻璃隔板放入专门的容器内。

电路板的回收：取下电路板，剪下周围的电线，分别放入不同容器中。

电器部分的回收：取下风扇、定时器等部件放入容器内。

含汞部件的拆解：部分冰箱可能还有汞开关、荧光灯管等含汞部件，灯类的部件容易破碎，须小心拆解。

(4) 压缩机及机座的拆解：压缩机一般固定在箱体底部的钢板上，俗称机座，用风批旋下机座与箱体连接的螺丝，剪断压缩机与箱体的电源线等，取下压缩机与机座的联合体，然后再用风批旋下压缩机与机座的螺丝，分离压缩机与机座，分类进行收集。

(5) 压缩机电源线的拆解：用剪刀剪掉压缩机上与其相连的电源线、电路板及电器元件，分类收集，拆解过程应当在防泄漏的工作台上进行，拆解时防止压缩机滑落伤人。

(6) 箱体破碎分选：预处理后的箱体搬运至破碎设备上料口，搬至上料口传送带时先确认发泡剂种类，未拆除密封圈的箱体及冰箱门不得投入破碎机，箱体进入破碎设备后经过两次破碎，用磁选机选出金属铁，用重力分选设备分选出铜、铝等金属及普通塑料、聚氨酯泡沫等。机械拆解过程中应注意防火防爆。

(7) 回收压缩机油：回收压缩机油的场所应有防漏截流措施，防止压缩机油泄漏。用打孔机将压缩机打孔，用专用容器回收压缩机油。含有异丁烷制冷剂的压缩机于自然通风贮存环境下放置两周后再进行打孔作业。

2.3.3　规范化精细拆解要求

(1) 必须严格按照各工位的操作规程进行冰箱的拆解，包括冰箱的转运、流水线作业、拆解产物贮存等各个环节。严禁野蛮装卸、野蛮拆解和随意处理拆解产物。

(2) 冰箱制冷剂属于危险废物，在拆解冰箱过程中应该严格按照操作规程和相关岗位职责控制制冷剂的外泄。

(3) 对不同厂家和年份的冰箱，应根据冰箱铭牌和型号确认制冷剂类别，分类贮存在专用容器中。对于不能确认制冷剂类别的冰箱，应该暂时存储，待条件成熟时集中处置。所有制冷剂应交由有资质单位处置。

(4) 冰箱发泡剂属于易燃物品，在破碎分选过程中应该严格按照操作规程进行操作。对于拆解所得发泡剂，应确认其种类，分类贮存和集中处置。

(5) 每条流水线应保证有专人对各工位的规范性操作进行督促检查，及时纠正不规范的行为。

(6) 各拆解处理企业可以根据自身特点对冰箱拆解的精细化程度提出要求和标准，但至少应该满足以下标准：电源线剪切规范并实行分类管理；对于不同类型的冰箱，在拆解过程中尽量做到同类拆解；制冷剂、压缩机油等回收过程中，应尽量将原有容器抽空，必要时进行溶剂清洗；对于拆解所得的各类型压缩机，在没有能力处理的情况下，应该交由相应拆解能力的废弃电器电子产品处理企业，电子废物拆解利用处置单位名录内企业或者进口废五金电器、电线电缆和电机定点加工利用单位处理；机内积尘的处理处置规范，车间和工位抽风系统正常工作；车间和工位整齐清洁。

（7）在日生产计划中，做到统一部署拆解活动，根据所拆解的冰箱的种类、规格、型号或品牌等进行统一规划，确保冰箱进入流水线之前分类清晰。每条流水线应根据拆解实践，及时提出规范化精细拆解的持续改进意见。

2.4 房间空调器拆解

空调是一种用来调节室内温度、湿度、气流速度和空气洁净度的电器。房间空调器分为室内机和室外机。

2.4.1 拆解生产线和物料准备

（1）拆解生产线

各类房间空调器的拆解采用流水线作业，通常采用与洗衣机拆解相同的流水线或者共用。拆解之前应保证拆解生产线功能正常，包括电源、机械传送部件、拆解电动和手动工具、拆解产物收集容器、粉尘收集系统、电视机运输系统等。常见的房间空调器拆解流水线如图 2-9 所示。所需工具设备主要有传送带、风批、钳子、扳手、铁锤、起重设备、制冷剂回收机、打孔机等。

图 2-9　常见房间空调器拆解流水线

(2) 物料准备

根据每日生产计划，将待拆解的房间空调器从原料库过磅领料后用叉车搬运到拆解线物料入口处或工位，将待拆解的房间空调器搬上拆解台或上料口。领料过程中要求核对物料规格数量并记录，搬运过程中注意防止物料滑落。

2.4.2　拆解流程

空调拆解流程如图 2-10 和图 2-11 所示。

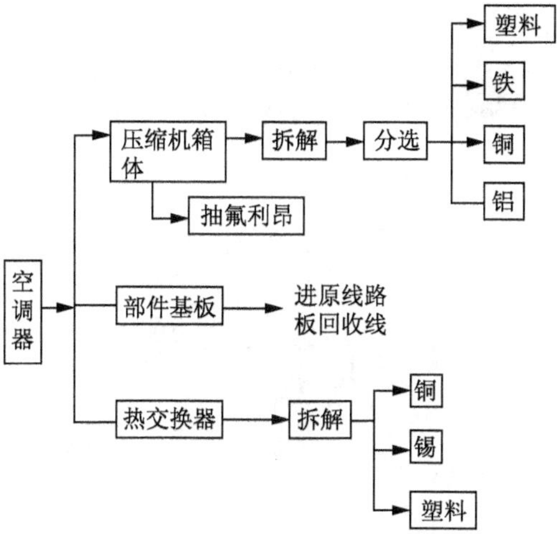

图 2-10　空调拆解流程图

上料		将空调从仓储笼搬到流水线上

<table>
<tr><td rowspan="2">拆面板，导风板</td><td></td><td rowspan="2">将面板螺丝卸下，然后取下面板，拆下过滤网，拆下导风板，卸下步进电机</td></tr>
<tr><td></td></tr>
<tr><td>拆电器盒</td><td>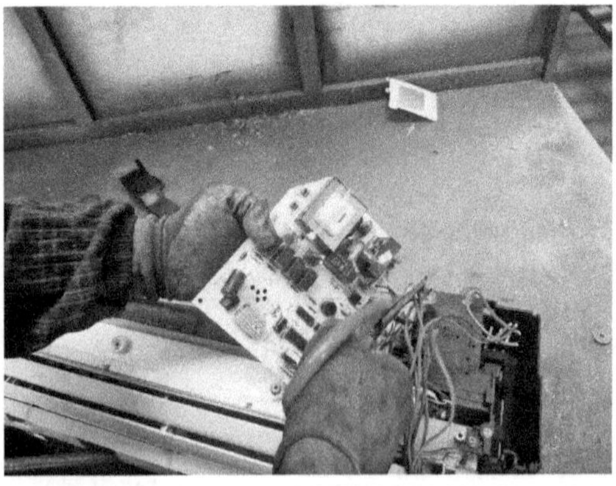</td><td>用剪刀剪下电机线，用风批旋下主板上的螺钉，卸下电器盒屏蔽盒</td></tr>
</table>

拆卸换热组		拆出换热器组件
拆卸贯流风叶		拆下电机，拆出轴承胶圈座，用钳分离出承芯，拆除贯流风叶
制冷剂回收	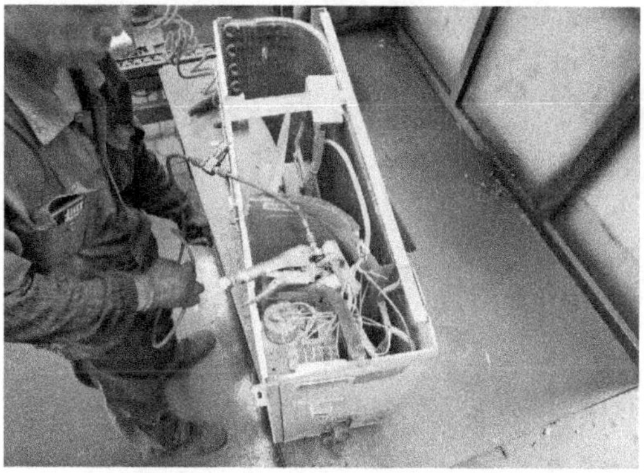	检查房间空调器室外机铭牌，确认制冷剂类别，选取对应的制冷剂回收夹具分类回收在不同的钢瓶中储存。用专用夹具夹住铜管后专人开启冷媒回收机回收冷媒

室外机前壳、后壳的拆解	 	用风批旋下固定室外机外壳周边的螺丝，取下室外机前壳、后壳，并用钳刀取下压缩机与室内机连接的嘴

<table>
<tr><td rowspan="2">制冷热循环系统的拆解</td><td></td><td rowspan="2">拆下全封闭式压缩机、冷凝器、毛细管和肋片管式蒸发器及连接管</td></tr>
<tr><td></td></tr>
<tr><td>风扇及电机的拆解</td><td></td><td>用风批旋下固定风扇及电机的螺丝，取下风扇及电机</td></tr>
</table>

<table>
<tr><td></td><td></td><td></td></tr>
<tr><td rowspan="2">拆压缩机</td><td></td><td rowspan="2">将压缩机剪切下来后，在线打孔沥油，完整收集废油</td></tr>
<tr><td></td></tr>
</table>

图 2-11 空调拆解流程示意图

2.4.2.1 室内机拆解

(1) 拆除面板部件:用风批旋下紧固螺丝,用钳拆下面板支撑杆,拆下面板,卸下面板上的显示板,并用剪刀剪下电线,配件不可有电线残留。

(2) 拆除导风板、过滤网、电器盒盖:用风批将紧固螺丝完全取出,用钳拆下导风板中间轴套,拆下过滤网,拆下导风板, 卸下电器盒盖。

(3) 拆除面板体部件:用钳从面板体卡槽中取出环境感温包,用风批旋下紧固螺丝,卸下面板体,撕除塑料件表面的泡沫与海绵。

(4) 拆除挡水胶片和步进电机:取下挡水胶片,用风批旋下电器盒上的接地螺钉,旋下电器盒与底壳之间的固定螺钉,拆下环境感温包,拆下电器盒盖,卸下步进电机。

(5) 拆解电器盒部件:用剪刀剪下电机线、导风电机线、左右扫风电机线等,卸下固线夹、取出电源连接线,卸下变压器与接线板,取出主板,用风批旋下主板上的螺钉,卸下电器盒屏蔽盒。

(6) 拆卸接水盘部件:用风批旋下紧固螺丝然后卸下接水盘。

(7) 拆卸连接管压板、蒸发器支架、电机压板:用风批将紧固螺丝完全取出,从底壳背面卸下连接管压板,卸下蒸发器组件左右的蒸发器左支架和电机压板。

(8) 拆卸换热组件:用风批旋下蒸发器组件与电机压板螺钉,拆出换热器组件。

(9) 拆卸贯流风叶:拆下电机,拆出轴承胶圈座,用钳分离出承芯,拆除贯流风叶,并用铁锤分离转轴与叶体。

(10) 拆卸底壳:拆下底壳,撕除底壳上的泡沫、海绵、绒布。

2.4.2.2 室外机拆解

(1) 制冷剂回收:检查房间空调器室外机铭牌,确认制冷剂类别。常见的制冷剂种类有 R134、R12、R600、R22 等。用制冷剂回收机回收管道接口与室外机制冷剂连接口相连接,抽取制冷剂。抽取时间根据情况而定。抽取一段时间后,回收钳上的制冷阀门关闭后,回收钳上的压力表为 0 或压力没回升,则表示制冷剂已回收干净。

(2) 室外机前壳、后壳的拆解:用风批旋下固定室外机外壳周边的螺丝,取下室外机前壳、后壳,并用钳刀取下压缩机与室内机连接的嘴。

(3) 电容及电线的拆解:用风批旋下固定电容及电线的螺丝,并用剪刀取下电线及电容。

(4) 制冷热循环系统的拆解:制冷热循环系统一般包括全封闭式压缩机、冷凝器、毛细管和肋片管式蒸发器及连接管。用剪刀剪下连接管。压缩机固定在室外机地址上,外面包有保护装置,用来保护压缩机。用风批旋下固定压缩机的螺丝,取下压缩机。冷凝器的左右是制冷系统的高温高压氟利昂从压缩机出来后进入冷凝器中,向冷却介质释放出大量热量,被冷却液化。冷凝器被固定在底盘及箱体中的加强筋及支架上,用风批旋下固定冷凝器的螺丝,取下冷凝器。

(5) 风扇及电机的拆解:风扇与电机连接带一起,电机带动风扇运动,完成空气循环通风系统。风扇与电机固定在箱体的支架上,用风批旋下固定风扇及电机的螺丝,取下风扇及电机。

(6) 回收压缩机油:回收压缩机油的场所有防漏截流措施,防止压缩机油泄漏。用打孔机将压缩机打孔,用专用容器回收压缩机油。含有异丁烷制冷剂的压缩机于自然通风贮存环境下放置两周后再进行打孔作业。

2.4.3 规范化精细拆解要求

(1) 必须严格按照各工位的操作规程进行房间空调器的拆解,包括房间空调器的转运、流水线作业、拆解产物贮存等各个环节。严禁野蛮装卸、野蛮拆解和随意处理拆解产物。

(2) 房间空调器的室外机中含有制冷剂,属于危险废物,在拆解室外机过程中应该严格按照操作规程和相关岗位职责控制制冷剂的外泄。其中抽氟是重点,抽氟操作参照废冰箱抽氟操作规程。

(3) 对不同厂家和年份的空调机,应根据铭牌和型号确认制冷剂类别,分类贮存在专用容器中。对于不能确认制冷剂类别的室外机,应该暂时存储,待条件成熟时集中处置。所有制冷剂应交由有资质单位处置。

(4) 对于长度较大的室外机和室内机连接铜管和电线,应分别按照电线电缆类废弃物处理,不得混入其他废杂五金拆解物。

(5) 每条流水线应保证有专人对各工位的规范性操作进行督促检查,及时纠正不规范的行为。

(6) 各拆解处理企业可以根据自身特点对房间空调器拆解的精细化程度提出要求和标准,但至少应该满足以下标准:电源线剪切规范并实行分类管理;对于不同类型的空调机,在拆解过程中应该尽量做到同类拆解;制冷剂、压缩机油等回收过程中,应尽量将原有容器清空,必要时进行溶剂清洗;对于拆解所得的各类型压缩机,在没有能力处理的情况下,应该交由有相应拆解能力的废弃电器电子产品处理企业,电子废物拆解利用处置单位名录内企业或者进口废五金电器、电线电缆和电机定点加工利用单位处理;机内积尘的处理处置规范,车间和工位抽风系统正常工作;车间和工位整齐清洁。

(7) 在日生产计划中,做到统一部署拆解活动,根据所拆解的房间空调器的种类、规格、型号或品牌等进行统一规划,确保房间空调器进入流水线之前分类清晰。每条流水线应根据拆解实践,及时提出规范化精细拆解的持续改进意见。

2.5 微型计算机主机拆解

微型计算机的硬件系统一般由显示器和主机两大部件构成。台式微型计算机显示器主要分为 CRT 显示器和平板显示器(又称液晶显示器)。CRT 显示器和平板显示器(又称液晶显示器)的拆解技术规程与电视机相同,所有流水线也与电视机相同。本节主要对台式微机主机的拆解作技术规范指导。

主机是计算机中除显示器、键盘、鼠标及其他外围设备的部分。它是安装在机箱中的,包括 CPU、主板、内存、硬盘、软驱等设备的总称。拆解时可按照从外到里的顺序进行。

2.5.1 拆解生产线和物料准备

(1) 拆解生产线

各类微机主机的拆解采用流水线作业,如图 2-12 所示。拆解之前应保证拆解生产线功能正常,包括电源、机械传送部件、拆解电动和手动工具、拆解产物收集容器、粉尘收集系统、电视机运输系统等。所需工具设备主要有传送带、风批、钳子等。

(2) 物料准备

根据每日生产计划,将待拆解的微机主机从原料库过磅领料后用叉车搬运到拆解线物料入口处或工位,将待拆解的微机主机搬上拆解台或上料口。领料过程中要求核对物料规格数量并记录,搬运过程中注意防止物料滑落。

图 2-12　常见电脑拆解流水线

2.5.2　拆解流程

微机主机拆解流程如图 2-13 所示。

(1) 机箱的拆解:由于市场上的机箱品牌和种类较多,每个机箱在拆解时都会有一点不同,但大同小异。机箱按照其结构不同有立式和卧式两种。拆解方法略有差异。目前主要是立式机箱。立式机箱一般由两侧面板和箱体组成。立式机箱两边有两个侧板,在机箱后面由四个螺钉固定,用风批将四个螺钉旋下后,将机箱的侧板平移后拉,取下侧板。

(2) 硬盘的拆解:硬盘驱动器又称硬盘,一般由左右两边的四个螺钉固定在机箱的硬盘架上。用风批从机箱的左右两侧,分别旋下固定硬盘的四个螺钉,然后从硬盘架上将硬盘往后拉,从机箱内部即可取下硬盘。硬盘上须打孔。

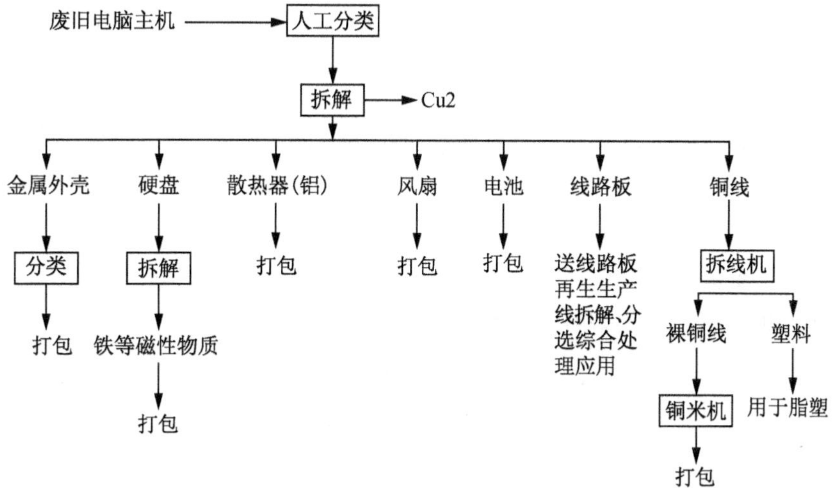

图 2-13　微机主机拆解流程图

(3) 光驱的拆解:光盘驱动器又称光驱,它通常与硬盘装在同一支架上,其安装结构与硬盘相似,拆解时用风批旋下固定光驱的四个螺钉,将光驱从机箱的前面板处取出。

(4) 软驱的拆解:软盘驱动器又称软驱。早期的主机里面装有软驱,因为具有容量小、速度慢且安全系数低的缺点,随着光驱、优盘的出现,逐渐取代软驱。软驱的拆解和硬盘相似,软驱一般固定在软驱专用机架上,拆解时,只需要旋下固定螺钉,即可取下软驱。对硬盘、光驱、软驱自行进行进一步拆解处理的,应当按照二次加工管理,建议根据客户需要采取必要的信息消除措施,如消磁等。

(5) 主机电源盒的拆解:主机电源盒为主板、硬盘、软驱、光驱等提供电压,为CPU 风扇提供电源,保证主机的正常工作。电源盒是由机箱后面的四个螺丝固定在机箱内的电源架上,拆解时,用风批旋下固定的螺丝,然后取下电源盒。用剪刀将电源盒外露的电源线齐根剪切。

(6) 排线的拆解:主板与硬盘、光驱、软驱间有一数据线相连,主机电源盒与主板、硬盘、软驱、光驱、CPU 风扇等有电源线相连,用手或钳拆下主板与硬盘、光驱、软驱的数据线,拆解时,用手向上拔即可卸下。在拆解电源线时,用钳夹住电源插头,稍微用力向后拉即可将电源线拆下。

(7) 内存条的拆解:内存条由多个内存芯片固定在线路板上的卡槽中,形状为长条形,内存条卡槽两侧各有一个卡扣,用两手同时将卡扣往下按,内存条就会自动从卡扣中跳出。

(8) CPU 风扇的拆解:CPU 风扇是为了帮助高速运行的 CPU 散热用的,一般风扇是用四个螺钉直接固定在散热片上,拆风扇时,用风批旋下固定的螺钉,同时拔去与电源相接的插头,即可取下风扇。

(9) 主板的拆解:主板是用螺钉固定在机箱底座上的,拆解时确保与其他部件相连接的数据线、电源线拔出,用风批旋下固定主板的上的螺丝取下,卸下主板。卸下后的主板,用风批将固定在主板上的纽扣电池取下并收集。主板上有主机的核心部件 CPU,CPU 位于主板上,拆解时只需将固定 CPU 的保护壳上的按钮轻轻按下,使保护壳轻轻弹起,取出 CPU。

2.5.3 规范化精细拆解要求

(1) 必须严格按照各工位的操作规程进行微型计算机主机的拆解,包括微型计算机主机的转运、流水线作业、拆解产物贮存等各个环节。严禁野蛮装卸、野蛮拆解和随意处理拆解产物。

(2) 微型计算机主机的板卡种类较多,应尽量按照板卡的类型进行分类存放。

(3) 每条流水线应保证有专人对各工位的规范性操作进行督促检查,及时纠正不规范的行为。

(4) 各拆解处理企业可以根据自身特点对微型计算机主机拆解的精细化程度提出要求和标准,但至少应该满足以下标准:电源线剪切规范并实行分类管理;对于不同类型的微型计算机主机,在拆解过程中应该尽量做到同类拆解;主板、光驱等部件分类存放;机内积尘的处理处置规范,车间和工位抽风系统正常工作;车间和工位整齐清洁。

(5) 在日生产计划中,做到统一部署拆解活动,根据所拆解的微型计算机主机的种类、规格、型号或品牌等进行统一规划,确保微型计算机主机进入流水线之前分类清晰。每条流水线应根据拆解实践,及时提出规范化精细拆解的持续改进意见。

第三章 规范化精细拆解的环保管理

废弃电器电子产品及其拆解产物处理处置的环保管理包括排放标准的采用、废气管理、固废管理(一般拆解产物管理和危险废物管理)、噪声和废水管理、排放监测管理等内容。

废弃电器电子产品回收利用过程是利用各种物理、化学、生物方法或几种方法联合,处理处置废弃电器电子产品的过程。使各种材料得到有效分离和利用是废弃电器电子产品回收利用的核心和目的,其管理的关键指标包括:各种拆解产物的回收率,回收利用过程中的二次污染情况。

废弃电器电子产品拆解处理过程中,二次污染产生的环节和污染物类别主要包括:拆解过程中积累在废弃电器电子产品内部的灰尘,元器件与电路板分离过程中产生的低熔点金属废气,电冰箱等整机破碎和电路板等粉碎过程中产生的粉尘,气割洗衣机电动机和电冰箱压缩机等过程中产生的金属粉尘和废气,焚烧废电路板粉末或其他有机物时产生的废气,破碎机、切割机等产生的噪声,洗衣机平衡盐水以及其他危险废物等。

3.1 排放标准

采用非焚烧方式处理废弃电器电子产品元(器)件、(零)部件的设施或设备,废气排放应当符合《大气污染物综合排放标准》(GB 16297)或当地地方标准;采用焚烧方式处理废弃电器电子产品及其元(器)件、(零)部件的设施或设备,废气排放应当符合《危险废物焚烧污染控制标准》(GB 18484)中危险废物焚烧炉大气污染物排放标准或地方标准。噪声应当符合《工业企业厂界环境噪声标准》(GB 12348)或当地地方标准。采用湿法处理废弃电器电子产品元(器)件、(零)部件,污水排放应当符合《污水综合排放标准》(GB 8978)或当地地方标准。

3.2 废气管理

应当在厂区及易产生粉尘的工位采取有效防尘、降尘、集尘措施，收集手工拆解过程产生的扬尘、粉尘等，废气通过除尘过滤系统净化引至高处达标排放。

破碎分选、CRT 除胶、CRT 屏锥分离等生产环节或设备产生的废气等，应当通过除尘过滤系统净化引至高处排放。

使用含汞荧光灯管的平板电视机及显示器、液晶电视机及显示器应当在负压环境下拆解背光源，拆卸荧光灯管时应当使用具有汞蒸气收集措施的专用负压工作台，并配备具有汞蒸气收集能力的废气收集装置（如载硫活性炭过滤装置）。收集的含汞荧光灯管，应当采取防止汞蒸气逸散的措施进行暂存。

冰箱、空调制冷剂预先抽取等环节产生的有机废气应当经活性炭吸附净化后引至高处排放。

对于制冷剂为消耗臭氧层物质的，应当按照《消耗臭氧层物质管理条例》的要求对消耗臭氧层物质进行回收、循环利用或者交由从事消耗臭氧层物质回收、再生利用、销毁等经营活动的单位进行无害化处置，或具有相关处理能力的焚烧设施（如工业固体废物焚烧设施或危险废物焚烧设施）处置，不得直接排放。

使用整体破碎设备拆解含环戊烷发泡剂冰箱的，应当具备环戊烷气体收集措施，收集后的气体通过强排风措施稀释，并引至高处排放。环戊烷收集环节应当具备环戊烷检测、喷雾和喷氮等措施，并设置自动报警装置。

荧光粉收集操作台应当设置集气罩；荧光粉应当在负压环境下收集并保存在密闭容器内。

3.3 固废管理

处理企业生产经营过程中产生的各类固体废物，应当按危险废物、一般工业固体废物、生活垃圾等进行合理分类，不能自行利用处置的，分别委托具有相关资质、经营范围或具有相应处理能力的单位利用或处置。

3.3.1 一般拆解产物管理

（1）一般拆解产物的企业内部管理

建立一般拆解产物台账记录，包括种类、产生量、流向、贮存、利用处置等情况。

有关记录应当分类装订成册，由专人管理，防止遗失，以备环保部门检查；分类收集包装后贮存的，应当设置标识标签，注明拆解产物的名称、贮存时间、数量等信息。贮存场所应当具备水泥硬化地面以及防止雨淋的遮盖措施。一般拆解产物中不得混入危险废物。

(2) 一般拆解产物的转移利用处置管理

一般拆解产物可以作为原材料再利用或者作为一般工业固体废物进行无害化处置；一般拆解产物转移时应当与接收单位签订销售合同并开具正规销售发票；黑白电视机拆解产生的CRT玻璃和彩色电视机拆解产生的CRT屏玻璃作为一般工业固体废物，以环境无害化的方式利用处置；压缩机、电动机、电线电缆等废五金机电拆解产物，处理企业不能自行加工利用的，应当委托生态环境部门核定的具有相应拆解处理能力的废弃电器电子产品处理企业、电子废物拆解利用处置单位名录内企业或者进口废五金电器、电线电缆和电机定点加工利用单位处理；电脑主机拆解产生的电源、光驱、软驱、硬盘等电子废物类拆解产物，处理企业不自行进一步拆解加工利用的，应当委托生态环境部门核定的具有相应处理能力的废弃电器电子拆解处理企业、电子废物拆解利用处置单位名录内企业或者危险废物经营企业进行处理；废弃电器电子产品中含有的消耗臭氧层物质的制冷剂应当回收，并提供或委托给依据《消耗臭氧层物质管理条例》(国务院令第573号)经所在地省(区、市)生态环境部门备案的单位进行回收、再生利用，或委托给持有危险废物经营许可证、具有销毁技术条件的单位销毁。绝热层发泡材料应当进入消耗臭氧层物质再生利用或销毁企业处置备案单位处置，或作为一般工业固体废物送至生活垃圾处理设施、危险废物处置设施填埋或焚烧，或以其他环境无害化的方式利用处置，不得随意处理和丢弃；拆解产物宜以减容打包包装形态出厂。电视机外壳、电脑主机机壳等主要拆解产物未进行毁形破坏的，不得出厂。

3.3.2 危险废物管理

(1) 企业内部管理

危险废物的收集、贮存、转移、利用、处置活动应当遵守国家关于危险废物环境管理的有关法律法规和标准，满足关于危险废物产生单位规范化管理的危险废物识别标志、管理计划、申报登记、转移联单、应急预案备案、危险废物经营许可等相关要求。

企业应当制定危险废物管理计划，并经所在地县级以上地方生态环境部门备案，包括减少危险废物产生量和危害性的措施以及危险废物贮存、利用、处置措施；

管理计划内容有重大改变的，应当及时申报；建立危险废物台账记录，跟踪记录危险废物在厂内运转的整个流程，包括各危险废物的贮存数量、贮存地点，利用和处置数量、时间和方式等情况，以及内部整个运转流程中相关保障经营安全的规章制度、污染防治措施和事故应急救援措施的实施情况；有关记录分类装订成册，由专人管理，防止遗失，以备环保部门检查。

危险废物单独收集贮存，包装容器、标识标签及贮存要求符合《危险废物贮存污染控制标准》(GB18597)及其他相关规定。不得将危险废物堆放在露天场地。

(2) 危险废物的转移利用处置

企业自行利用或处置危险废物，应当符合企业环评批复及竣工环境保护验收的要求。对不能自行利用或处置的危险废物，应当交由持有危险废物经营许可证并具有相关经营范围的企业进行处理，并签订委托处理合同。

当处理过程产生的固体废物危险性不明时，应当进行危险特性鉴别，不属于危险废物的按一般工业固体废物有关规定进行利用或处置，属于危险废物的按危险废物有关规定进行利用或处置。

危险废物转移应当办理危险废物转移手续。在进行危险废物转移时，应当对所交接的危险废物如实进行转移联单的填报登记，并按程序和期限向生态环境部门报告。

危险废物的转移运输应当使用危险货物运输专用车辆。运输 CRT 含铅玻璃和废线路板的车辆可豁免危险货物运输资质要求，但应当使用具有防遗洒、防散落以及合理安全保障措施的厢式货车或高栏货车进行运输。使用高栏货车时，装载的货物不得超过栏板高度并采取围板等防掉落措施及防雨措施。

3.4 噪声管理

对于破碎机、分选机、风机、空压机、CRT 屏锥分离设备等机械设备，应当采用合理的降噪、减噪措施，如选用低噪声设备，安装隔振元件、柔性接头、隔振垫等，在空压机、风机等的输气管道或在进气口、排气口上安装消声元件，采取屏蔽隔声措施等。

对于搬运、手工拆解、车辆运输等非机械噪声产生环节，宜采取可减少固体振动和碰撞过程中噪声产生的管理措施，如使用手动运输车辆、车间地面涂刷防护地坪、软性传输装置等措施；加强工人的防噪声劳动保护措施，如使用耳塞等。

3.5 废水管理

洗衣机平衡盐水收集后，可以采用稀释并经废水处理设施处理后达标排放，或委托专业处置单位处置。采用湿法处理回收废弃电器电子产品元（器）件、（零）部件中相关金属，其废水应该脱重（金属）、平衡（酸碱）后达标排放。

3.6 环境监测管理

处理企业应按照有关法律和《环境监测管理办法》等规定，建立企业监测制度，制定自行监测方案，对污染物排放状况及其周边环境质量的影响开展自行监测，保存原始监测记录，并公布监测结果。自行监测方案应当包括企业基本情况、监测点位、监测频次、监测指标（含特征污染物）、执行排放标准及其限值、监测方法和仪器、监测质量控制、监测点位示意图、监测结果信息公开时限、应急监测方案等。

处理企业不具备自行监测能力的，应当与具有监测服务资质的单位签订委托监测合同。

第四章 规范化精细拆解的信息和监控管理

本章对废弃电器电子产品规范化精细拆解的信息和监控提出规范要求。有关条码系统的建设要求由财政部、生态环境部废弃电器电子产品回收处理信息管理系统建设要求另行规定。

处理企业应当建立数据信息管理系统，并能够与地县级以上生态环境部门数据信息管理系统对接。数据信息管理系统应当跟踪记录废弃电器电子产品在处理企业内部运转的整个流程，以及生产作业情况等。

根据废弃电器电子产品的处理流程，建立有关数据信息的基础记录表。有关记录要求分解落实到处理企业内部的运输、贮存(或物流)、拆解处理和安全等相关部门。各项记录应当由相关经办人签字。各项记录的原始单据或凭证应当及时分类装订成册后存档，由专人管理，防止遗失，保存时间不得少于 3 年。

4.1 废弃电器电子产品进厂信息管理

根据生产计划，安排废弃电器电子产品入厂。系统采集、汇总废弃电器电子产品进厂情况。信息记录内容包括废弃电器电子产品入厂时间、回收企业/个人名称、运输车牌号、毛重、皮重、净重、毛重称重时间、皮重称重时间、交货人姓名、司磅员姓名等。

4.2 废弃电器电子产品入库信息管理

按种类、规格分别计重、入库。入库时，按标准容器或逐台进行称重、计数，系统自动生成磅单，打印废弃电器电子产品识别条码。单台称重的废弃电器电子产品，可以称重后再使用专用标准容器周转、贮存，每一容器内应当装载同种类、同规格的废弃电器电子产品。信息记录内容包括废弃电器电子产品识别条码、废弃电器电子产品编号、名称、规格、数量、重量、入库数量、入库重量、入库时间、库位、库管人姓名等。

4.3　废弃电器电子产品出库信息管理

使用专用标准容器或逐台出库，出库时扫描废弃电器电子产品识别条码、确认识别条码信息。系统记录领料明细，采集、汇总废弃电器电子产品出库情况。信息记录内容包括出库单编号、领料班组、领料时间、废弃电器电子产品识别条码、废弃电器电子产品编号、废弃产品名称、规格、入库数量、入库重量、出库数量、出库重量、出库时间、库位、发料人姓名、领料人姓名等。

4.4　废弃电器电子产品退库信息管理

出现废弃电器电子产品出库后未能处理、出库产品与实际处理产品不符、出库产品不符合基金补贴产品要求等情况时，应当在系统中设置于产品出库当日进行退库处理。系统退库时扫描废弃电器电子产品识别条码，确认识别条码信息，记录退库明细，采集、汇总废弃电器电子产品退库情况。信息记录内容包括废弃电器电子产品识别条码、领料单编号、废弃电器电子产品类别、废弃电器电子产品编号、名称、规格、退库数量、退库重量、退库时间、退库原因、库位、退库班组、退库人姓名、库管人姓名等。

4.5　废弃电器电子产品库存信息管理

每天汇总当日的出入库信息，核对信息系统中的库存废弃电器电子产品的名称、规格、重量、数量等信息。定期盘点，不少于每三个月一次核对库存的废弃电器电子产品重量、数量等实物信息与系统记录的信息是否相符。信息记录内容包括废弃电器电子产品类别、废弃电器电子产品编号、名称、规格，当日的入库数量、入库重量、出库数量、出库重量、退库数量、退库重量、当前的库存数量、库存重量等；盘点库存明细废弃电器电子产品类别、废弃电器电子产品识别条码、废弃电器电子产品编号、废弃电器电子产品名称、规格、入库数量、入库重量、入库时间、出库数量、出库重量、退库数量、退库重量、库位、库管人姓名等。

4.6　废弃电器电子产品拆解信息管理

按班组或生产线，并按工位、时间段记录生产情况。同一时间段内一条生产线只能拆解同一类型、同一规格的废弃电器电子产品，不得混拆。废弃电器电子产品当天领料、当天拆解完毕；当天未拆解的废弃电器电子产品，在信息系统中做当天退库处理。废弃电器电子产品上线拆解，先扫描废弃电器电子产品识别条码。拆解产物当日称重入库，不同种类、不同规格的废弃电器电子产品拆解产物不可合并称重，但日产生量较少的荧光粉、制冷剂等除外。拆解产物称重时系统自动打印磅单，打印拆解产物识别条码。共用生产线的，应当集中拆解同类同规格废弃电器电子产品。更换不同种类或规格的废弃电器电子产品前，应当清空拆解线，将拆解产物计量称重完毕。信息记录内容包括生产信息和拆解产物信息两个部分。

（1）生产信息

生产日期、拆解线、生产班组、生产负责人、实到人数、作业时间、废弃电器电子产品识别条码、领料单编号、废弃电器电子产品类别、废弃电器电子产品编号、名称、规格、数量、重量、拆解开始时间、拆解完成时间。

（2）拆解产物信息

生产日期、拆解线、生产班组、生产负责人、领料单编号、拆解产物识别条码、拆解产物类别、拆解产物编号、拆解产物名称、称重数量、称重重量、称重时间、称重人姓名等。

4.7 拆解产物入库信息管理

扫描拆解产物识别条码，核对拆解产物识别条码信息、重量。当天产生的拆解产物，当天称重后入库。涉及深加工的，应当在加工前进行拆解产物称重入库。如果直接使用拆解产生的物料进行二次加工，不添加其他原料的，且二次加工中不发生物质重量和化学特性等变化的，可以将产成品作为拆解产物入库。信息记录内容包括拆解线、生产班组、生产负责人、领料单编号、拆解产物识别条码、拆解产物编码、拆解产物名称、入库数量、入库重量、库位、入库时间、贮存部门经办人、交货部门经办人等。

4.8 拆解产物出库信息管理

出库时使用专用容器转移，扫描识别条码，审核容器标识卡信息，系统汇总出库情况。信息记录内容包括拆解产物出库单号、领料单编号、拆解产物识别条码、拆解产物编号、拆解产物名称、入库数量、入库重量、出库数量、出库重量、出库时间、库位、贮存部门经办人、收货经办人等。

4.9　拆解产物库存信息管理

每天汇总当日的出入库信息，核对信息系统中的库存拆解产物的名称、重量、数量等信息。定期盘点，不少于每三个月一次核对库存的拆解产物重量、数量等信息。信息记录内容包括拆解产物类别、拆解产物识别条码、拆解产物编号、名称、规格、当日入库数量、入库重量、出库数量、出库重量、当前库存数量、当前库存重量等；盘点库存明细及拆解产物条码、拆解产物类别、拆解产物编号、拆解产物名称、称重数量、称重重量、入库数量、入库重量、入库时间、库位、库管人姓名等。

4.10　拆解产物出厂信息管理

拆解产物出厂时，保持包装、标签完好，系统采集、汇总拆解产物出厂情况。危险废物到达接收单位后，应当将危险废物转移联单返回处理企业，处理企业将相关信息录入信息系统，并保留相关票据。处理企业可以要求接收单位提供磅单复印件、接收回执等证明材料，磅单复印件、接收回执加盖收货单位收货章。根据回执、有效财务单据在系统内确认危险废物转移处置量。信息记录内容包括出厂记录单编号、车次、出厂时间、领料单编号、拆解产物出库单编号、拆解产物识别条码、拆解产物类别、拆解产物编号、拆解产物名称、毛重、皮重、净重、毛重称重时间、皮重称重时间、接收单位、车号、发货单条码或编号、转移联单编号等。

4.11　视频监控

废弃电器电子产品及其拆解产物的处理处置企业应当具有联网的现场视频监控系统及中控室、备用电源、视频备份等保障措施。

4.11.1　点位、画质和信息储存

（1）点位布局

厂区所有进出口处、磅秤、处理设备与处理生产线、处理区域、贮存区域、中控室、视频录像保存区域、可能产生污染的区域以及处理设施所在地县级以上生态环境部门指定的其他区域，应当设置现场视频监控系统，并确保画面清晰。厂界内视频监控应当覆盖从废弃电器电子产品入厂到拆解产物出厂的全过程，并规范摄像

头角度、监控范围。监控画面应当可清楚辨识数据信息管理系统信息采集内容的生产操作过程。

(2) 画质要求

设置的现场视频监控系统应当能连续录下作业情形,包含录制日期及时间显示,每一监视画面所录下影像应当连贯。夜间厂区出入口处监控范围须有足够的光源(或增设红外线照摄器)以供辨识,夜间进行拆解处理作业时,其处理设备投入口及处理区域的镜头应当有足够的光源以供画面辨识。所有监控设备的设置应当避免人员、设备、建筑物等的遮挡,可清楚辨识拆解、处理、信息采集全过程。

关键点位的视频监控应当确保画面清晰。关键点位包括:厂区进出口、货物装卸区、上料口、投料口、关键产物拆解处理工位、计量设备监控点位、包装区域、贮存区域及进出口、中控室、视频录像保存区,以及数据信息管理系统信息采集工位。

上料口、投料口、关键拆解产物拆解处理工位的摄像头距离监控对象的位置不宜超过 3 米,视频录像帧率应当不少于 24 帧/秒(fps),以达到连贯辨识动作、清晰辨识物品的效果;其他关键点位的视频录像帧率应当不少于 10 帧/秒(fps),以达到连贯辨识动作、清晰辨识数字的效果;其他非关键点位的视频录像帧率应当不少于 1 帧/秒(fps)。

(3) 信息储存

视频记录应当保持连贯完整,录像画面的清晰度应当达到 640×360 以上。不得对原始文件进行拼接、剪辑、编辑。视频记录可以采用硬盘或者其他安全的方式存储。关键点位视频记录保存时间至少为 3 年,其他点位视频记录保存时间至少为 1 年。

4.11.2 视频监控重点区域

(1) 厂区进出口区

厂区所有进出口均应当设置全景视频监控,能够清楚辨识车辆前后牌,清楚辨识人员及车辆进出厂的过程,画面覆盖每个进出口的全景。贮存区域、处理区域出入口,应可清楚辨识人员、货物进出情况。

(2) 计量设备区

进出厂磅秤,应当清楚辨识车辆前后车牌及称重显示数据。磅房内部,画面应当覆盖司磅员操作过程,磅房外部未设置重量显示装置的,磅房内部应当清楚辨识称重显示数据。废弃电器电子产品称重磅秤,应可清楚辨识称重货物种类(采用封闭包装的,见包装区域点位要求)和货物称重显示数据,货物和称重数据要显示在同一监视画面内。拆解产物称重磅秤,应可清楚辨识称重货物种类(采用封闭包装的,见包装区域点位要求)和显示数据,货物和称重数据要显示在同一监视画面内。

(3) 货物装卸区

废弃电器电子产品卸货区，应当清楚辨识卸货过程、卸货种类（采用封闭包装的，见包装区域点位要求）。拆解产物装车区，应当清楚辨识装货过程、关键拆解产物种类（采用封闭包装的，见包装区域视频要求）。

(4) 包装区

入厂的废弃电器电子产品采用封闭包装的，应当在拆卸包装的区域设置视频监控点位，并能够清楚辨识拆卸包装后废弃电器电子产品的种类和数量。拆解产物采用封闭包装的，应当在包装区域设置视频监控点位，并能够清楚辨识关键拆解产物的种类。

(5) 贮存区

废弃电器电子产品贮存库、拆解产物贮存库和危险废物贮存库，均应当辨识所贮存物品的整体情况。贮存区域面积较大的，应当设置足够的监控点位，实现对贮存区域的全景覆盖。

(6) 拆解、处理区

废弃电器电子产品拆解、处理区域，应当设置足够的监控点位，实现对拆解、处理区域的全景覆盖，并辨识废弃电器电子产品拆解处理区域的整体情况。

不同种类的废弃电器电子产品及拆解产物的处理区域，应当分别设置全景监控点位。

整机拆解处理区域，应当全景辨识各类废弃电器电子产品整机拆解处理区域及拆解产出物处理区域的整体运行情况，无遮挡、无死角。

待处理区，应当清楚辨识货物流转过程及待处理货物的数量、状态。

废弃电器电子产品拆解处理线上料端，应当清楚辨识废弃电器电子产品拆解线上料数量及废弃电器电子产品的完整性。

废弃电器电子产品人工拆解处理线，每个视频监控画面覆盖的工位以 2 个以内为宜，最多不超过 4 个，且应当清楚辨识每个工位工人操作全过程。

废弃电器电子产品拆解处理线下料端，应当清楚辨识拆解产物的出料情况。

CRT 屏锥分离工位，应当清楚辨识工人屏锥分离操作过程及屏锥分离效果，无遮挡、无死角。

荧光粉吸取工位（有的与 CRT 屏锥分离工位相同或紧邻，可使用同一个摄像头），应当清楚辨识工人吸取荧光粉操作全过程及荧光粉吸取的效果，无遮挡、无死角。

制冷剂抽取工位，应当清楚辨识工人的操作全过程，无遮挡、无死角。

压缩机打孔和电机破坏工位，应当清楚辨识拆解产物数量及工人的操作全过程和处理效果。

拆解微型计算机主机(含便携式微型计算机)、空调、液晶显示屏背光模组过程,应当清楚辨识工人的操作全过程,视频监控画面连续,至少有 1 个监控画面完整覆盖生产线。

应当清楚辨识其他废弃电器电子产品拆解处理关键环节的操作全过程和处理效果。

(7) 通道和露天区

废弃电器电子产品进厂至进出厂磅秤通道,进出厂磅秤至废弃电器电子产品贮存库通道,废弃电器电子产品贮存库至拆解处理区域通道,拆解处理区域至拆解产物库通道,拆解产物库至进出厂磅秤通道,具有拆解产物深加工作业的,拆解产物库至深加工车间通道,以及厂区内其他与废弃电器电子产品拆解处理相关的通道和露天区域,均应当能辨识车辆及货物流转全过程。

(8) 深加工区

深加工区应当设置视频监控设备,并与现场视频监控系统联网;深加工区应当能清楚辨识处理区域的整体运行情况,无遮挡、无死角。

4.11.3 视频监控示范

常州翔宇资源再生科技有限公司设备采用监控行业最新技术和高品质设备,进行智能化设计,尽量减少系统操作的复杂性,并做到系统工作稳定可靠,维护简单。在初步设计时,就考虑未来良好的发展性,以降低未来发展的成本,使系统具有良好的可持续发展性。在满足安全防范级别的要求前提下,在确保系统稳定可靠、性能良好的基础上,在考虑系统的先进性的同时,按需选择系统和设备,做到合理、实用,降低成本,从而达到极高的性能价格比。此外,前端装置安装均考虑安全性、隐蔽性及美观性,根据实用和美观的原则,选用了外观工艺和性能稳定性都比较好的安防产品。通过厂区实时监控系统随时掌握监控区域内人员活动、物流走向、车辆装卸、处理拆解关键工位点和主管部门的监督审查情况,检查各个重点部位的规范情况,提前发现问题,及时处理并自动进行录像。正常对厂区进行 24 小时不间断录像。

常州翔宇资源再生科技有限公司视频监控由模拟监控与数字监控组成,模拟摄像监控点有 108 个,数字摄像监控点有 60 个,所有的监控设备采用 720P 八百线高清摄像头。每台录像机可以安装八块 3T 硬盘。视频监控录像系统设置采用最高要求设置。其中:监控视频主流码 2048M/秒,副码流 1024M/秒,视频录像帧率 25 帧/秒(fps),全厂区 24 小时实时监控。中控室设两套备用电源,确保视频录像设备正常运行。全部监控视频录像存储可保存 3 年,全部采用双备份监控视频数据。

第五章

废电路板及关键拆解产物的处理

5.1 废电路板的拆解回收

废电路板是“四机一脑”等各类废弃电器电子产品拆解所得的主要部件，对其进行精细化拆解回收是废弃电器电子产品规范化精细化拆解的关键内容之一。基本步骤和技术路线如下：

废弃电器电子产品—拆解得到废电路板—板器分离得到基板和混杂电子元器件—基板处理得到混合金属和废线路板粉末—混杂电子元器件的处理处置—废线路板粉末的处理处置。

5.1.1 板器分离

5.1.1.1 拆解准备

(1) 拆解生产线

各类电路板的拆解一般采用流水线作业。拆解之前应保证拆解生产线功能正常，包括电源、机械传送部件、拆解电动和手动工具、拆解产物收集容器、粉尘收集系统、电视机运输系统等。

(2) 拆解方式

接触式温差法：采用重油或熔融的铅锡合金板烫锡。

非接触式温差法：采用电热丝、高温气体介质或红外辐射对线路板整体加热。

机械法：通过自适应和自动切削机械装置，自动适应电路板的不同厚度和形状，将电路板上的各类元器件通过快速切削而实现板器分离。

采用何种方式进行板器分离，取决于企业自身的设备和技术状况，核心问题是如何避免和减少低熔点铅锡金属气体、电路板局部过热引起的二噁英等持久性有机污染物的产生。

(3) 物料准备

根据每日生产计划,将待拆解的电路板从原料库过磅领料后用叉车搬运到拆解线物料入口处或工位,将待拆解的电路板放置在工位合适的位置。领料过程中要求核对物料规格数量并记录,搬运过程中注意防止物料滑落。

5.1.1.2 拆解流程

(1) 加热或机械设备的准备

启动加热或机械剪切设备,同步启动除尘和通风设备。

(2) 板器分离

将电路板元器件一面朝上,置于流水线上,传送到加热区域或剪切区域。

(3) 光板或基板的分类收集

流水线传送装置将光板或基板集中到收集筐中,定时转运至指定区域。

(4) 混杂元器件的分类收集

根据流水线的功能,将混杂元器件尽可能按照体积或形状进行分类收集,定时转运至指定区域。

5.1.2 基板的金属与非金属分离

5.1.2.1 分离流程

板器分离后的基板或光板,一般采用多级破碎和多级分选方式进行金属与非金属的分离。常用流程如图 5-1 所示。

主要技术说明:

① 输送线为专用输送线。

② 一次绞碎机刀片单班每季度刃磨一次,刀具拆装应方便,重装时复原调整精度容易。

③ 二次粉碎机正常使用情况下,运动部分不易损坏。主轴轴承应半年运转正常。运行较平稳,噪音较小。有减振装置。消耗性刀板更换容易。设备运行时对外跑料少。

④ 重力分选摇床分选率高,分选后渣中含铜量不超过 0.8%;分选不干净的部分料应自动输送回粉碎机后再次分选。

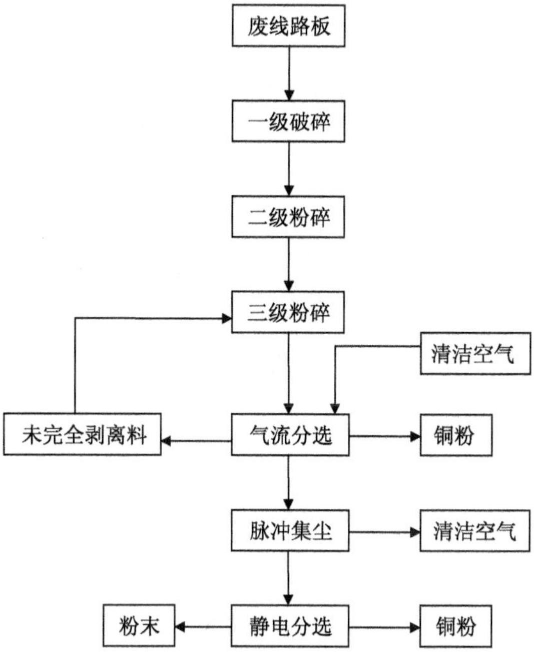

图 5-1 光板多级破碎和多级分选流程图

⑤ 流体输送泵应耐磨损，选用国内正牌厂家生产的产品。

⑥ 设备能耗较低，生产效率较高。

⑦ 设备有完善的安全保险、互锁系统。良好的控制程序，采用欧姆龙 PLC 可编程控制。控制电器元件选用国内知名品牌。符合国家设备的相关标准。

⑧ 生产线除人工上料、人工出铜外，全部实现自动操作。设备操作安全、简单，符合规范。

⑨生产线用沉淀池滤渣，不需压渣机。

⑩ 设备使用电压为 380 V，总用电功率为 85 kW 左右。

5.1.2.2 分离流程

(1) 破碎分选设备和流水线的准备

启动除尘和通风设备，启动各级破碎分选设备。

(2) 检查各级粉末和金属料收集袋或收集筐

检查各级粉末和金属料收集袋或收集筐，确保流水线运转时收集系统正常工作。

(3) 进料口操作

进料口操作人员定时将光板等放入传送带。

(4) 收集口操作

收集口操作人员定时将废线路板粉末和金属粉末收集并更换收集袋。转运废线路板粉末和金属粉末。

5.1.3 线路板粉末的处理

由多级破碎和分选流水线下来的废线路板粉末属于危险废物，必须按照危险废物进行管理和处置。

以示范企业常州翔宇资源再生公司为例，废线路板粉末处理采用以下脂塑工艺。

5.1.3.1 粉末加工处理流程

废线路板粉末加工脂塑产品的工艺流程如图 5-2 所示。

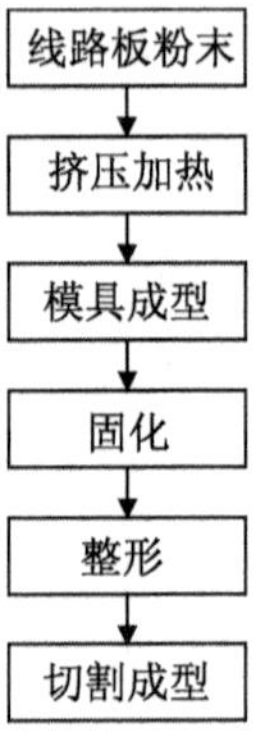

图 5-2 废线路板粉末加工脂塑产品的工艺流程图

加工得到的型材产品如图 5-3 所示。

5.1.3.2 脂塑产品加工流程

(1) 分析和配料

根据工艺流程说明书，对用于脂塑产品生产的废线路板粉末等各类原料进行分析化验，按照配方进行配料。

(2) 启动脂塑生产线

对于加热、固化和成型的各级设备进行检查，启动生产线并进行操作。

(3) 型材产品的检验和入库

对所得型材产品，按照检验流程进行产品检验，合格品入库。

图 5-3 常用脂塑产品图

5.1.3.3 仿石砖产品加工流程

① 将废线路板树脂粉、塑封料树脂粉等废有机树脂进行初步破碎。

② 破碎后将其与改性水泥、助凝剂按一定比例进行配料。

③ 由供水系统加水并通过强制式物料搅拌反应系统进行混合搅拌。

④ 用静压成型生产线将原料进行挤压成型处理。

⑤ 将成型好的模块不平整的边角及表面通过后处理系统进行打磨。

⑥ 送入养护区，通过半成品养护系统处理，最后经包装得到成品。

其工艺流程图、生产线图、仿石砖产品图如图 5-4～图 5-6 所示。

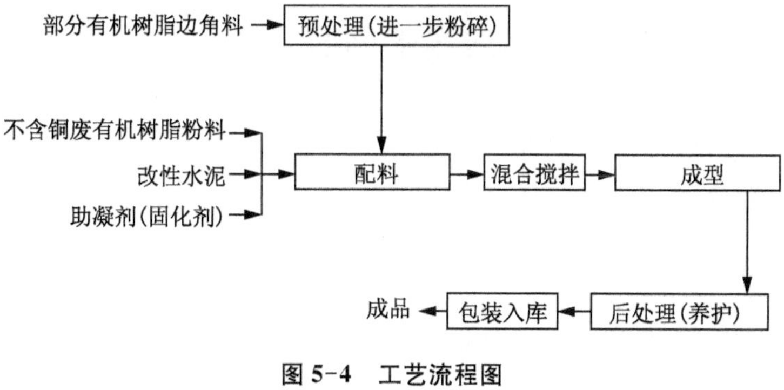

图 5-4 工艺流程图

图 5-5　生产线图

盲道砖500×250×45

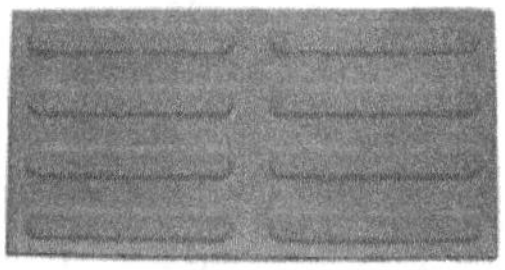

盲道600×300×45

条纹砖500×250×45

条纹砖500×250×45

仿石砖600×300×45

仿石砖600×300×45

仿石路牙1 000×3 000×120

图 5-6　仿石砖产品图(单位:mm)

5.2　废弃电器电子产品线缆的回收

各类废弃电器电子产品拆解过程中所得的各类电线电缆,一般是加工成铜米和塑料进行回收。

5.2.1　铜米生产流程

对于各类线缆,采用剥线和铜米生产工艺进行处理。常用流程如图 5-7 所示。

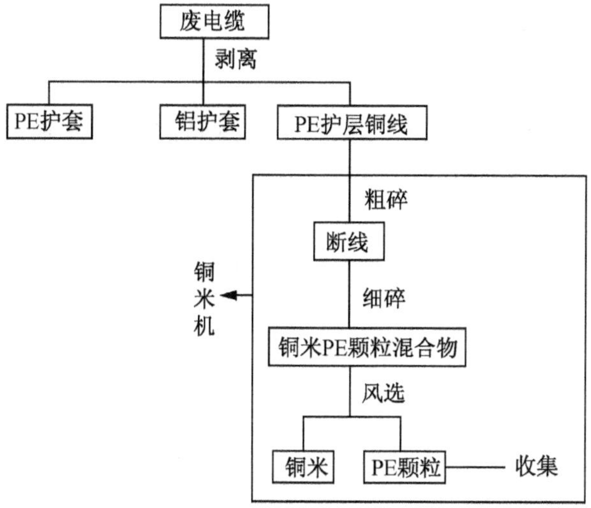

图 5-7 铜米生产流程图

5.2.2 主要技术说明

① 输送线为专用输送线。

② 一次绞碎机刀片单班每季度刃磨一次，刀具拆装方便，重装时复原调整精度容易。

③ 二、三次粉碎机正常使用下，刀具耐用，不易磨损。单班半月以上刃磨一次，主轴承一年以上运转正常。运行较平稳，噪音较小。易损刀板更换容易。

④ 振动分选床分选率高，分选后铜米干净，杂物很少；分选不干净的部分料能够自动输送回粉碎机后再次分选。

⑤ 设备能耗较低，生产效率较高。

⑥ 塑料收集系统的收集效率高，排尘少，适合连续生产，塑料装袋容易。

⑦ 设备有良好的控制程序，控制电器元件选用国内知名品牌，符合国家设备的相关标准。

⑧ 生产线除人工上料、人工出铜外，全部实现自动操作。设备操作安全、简单，符合规范。

⑨ 生产出的铜米经磁选分离出含磁性物质后纯度达到电解铜标准。

⑩ 设备使用电压为 380 V，总用电功率为 95 kW 左右。

5.3 关键拆解产物的去向

国家相关部门对于电器电子产品拆解后所得的各类拆解物的深加工或销售，有明文规定。各拆解处理企业应严格按照相关规定执行。

以示范企业常州翔宇资源再生公司为例，废弃电器电子产品的关键拆解产物及其去向如附表所示。该企业具有 HW49 和 HW13 处理资质。

附表

示范企业废弃电器电子产品的主要拆解产物及去向

名称	名称	形态	贮存方式	特性	数量（t/a）	委托或提供外单位利用/处置情况
废旧电视机	铜米	固	吨袋包装	金属	333.9	溧水宁强再生资源有限公司
	塑料绝缘线皮	固	吨袋包装	不属于危险废物，但可能含有多溴联苯、多溴二苯醚，有环境风险	766.5	常州华奔塑料有限公司 常州市广惠塑料有限公司
	塑料外壳	固	吨袋包装	不属于危险废物，但可能含有多溴联苯、多溴二苯醚，有环境风险	5761.3	常州华奔塑料有限公司 常州市广惠塑料有限公司
	偏转线圈	固	吨袋包装		888.7	溧水宁强再生资源有限公司
	扬声器	固	吨袋包装		659.2	临沂铭锋再生资源有限公司
	线路板（含电容）	固	吨袋包装	属于危险废物，按 HW49 管理	1803	公司自行处置
	阴极射线管电子枪	固	吨袋包装	含铅，属于危险废物，按 HW49 管理	36.9	天津仁新玻璃材料有限公司/TJHW020 津环保许可危证[2012]002 号

续 表

名称	名称	形态	贮存方式	特性	数量(t/a)	委托或提供外单位利用/处置情况
废旧电视机	铁块	固	吨袋包装	金属	401.4	溧水宁强再生资源有限公司
	荫罩板	固	吨袋包装	金属	950.4	溧水宁强再生资源有限公司
	荧光粉	固	吨袋包装	按照HW49类危险废物管理	1.8	常州市工业固体废弃物安全填埋场
	黑白CRT屏玻璃	固	吨袋包装	一般工业固体废物，但可能因分离不干净而混入少量含铅玻璃	1811.3	天津仁新玻璃材料有限公司/TJHW020津环保许可危证[2012]002号
	黑白CRT锥玻璃	固	吨袋包装	含铅，属于危险废物，按HW49管理	3696.7	天津仁新玻璃材料有限公司/TJHW020津环保许可危证[2012]002号
	彩色CRT屏玻璃	固	吨袋包装	一般工业固体废物，但可能因分离不干净而混入少量含铅玻璃	5825.4	天津仁新玻璃材料有限公司/TJHW020津环保许可危证[2012]002号
	彩色CRT锥玻璃	固	吨袋包装	含铅，属于危险废物，按HW49管理	3960.8	天津仁新玻璃材料有限公司/TJHW020津环保许可危证[2012]002号
	有组织粉尘	固	吨袋包装		27	
	无组织粉尘	固			0.7	
合计					29925(150万台/a)	

续 表

名称	名称	形态	贮存方式	特性	数量(t/a)	委托或提供外单位利用/处置情况
废旧洗衣机	铜米	固	吨袋包装	金属	74.6	溧水宁强再生资源有限公司
	塑料绝缘皮	固	吨袋包装	不属于危险废物,但可能含有多溴联苯、多溴二苯醚,有环境风险	567.9	常州华奔塑料有限公司 常州市广惠塑料有限公司
	铁	固	吨袋包装	金属	1603.5	溧水宁强再生资源有限公司
	铜	固	吨袋包装	金属	278.4	溧水宁强再生资源有限公司
	铝	固	吨袋包装	金属	138.25	常州万聚物资有限公司
	塑料机壳	固	吨袋包装	不属于危险废物,但可能含有多溴联苯、多溴二苯醚,有环境风险	6517.7	常州华奔塑料有限公司 常州市广惠塑料有限公司
	金属机壳	固	吨袋包装	金属	1832.7	溧水宁强再生资源有限公司
	塑料滚筒	固	吨袋包装	不属于危险废物,但可能含有多溴联苯、多溴二苯醚,有环境风险	3573.8	常州华奔塑料有限公司 常州市广惠塑料有限公司
	金属滚筒	固	吨袋包装	金属	827.7	常州万聚物资有限公司
	线路板(含电容)	固	吨袋包装	属于危险废物,按 HW49 管理	98.35	公司自行处置
	有组织粉尘	固	吨袋包装		4	
	无组织粉尘	固			0.1	
合计					15517(50 万台/a)	

续 表

名称	名称	形态	贮存方式	特性	数量(t/a)	委托或提供外单位利用/处置情况
废旧冰箱	普通塑料	固	吨袋包装	不属于危险废物,但可能含有多溴联苯、多溴二苯醚,有环境风险	670.4	常州华奔塑料有限公司 常州市广惠塑料有限公司
	聚氨酯泡沫塑料(含布袋收集粉尘59.4)	固	吨袋包装	可能具有燃爆风险	524.3	常州绿色动力环保热电有限公司
	铜	固	吨袋包装	金属	101.7	常州万聚物资有限公司
	铁	固	吨袋包装	金属	2101.9	常州万聚物资有限公司
	铝	固	吨袋包装	金属	145	常州万聚物资有限公司
	润滑油	液	桶	属于危险废物,按 HW08 管理	21.6	常州市锦云工业废弃物处置有限公司
	制冷剂	液	专用容器	易燃易爆	10.8	苏州同和资源综合利用有限公司
	线路板	固	吨袋包装	属于危险废物,按 HW49 管理	47.1	公司自行处置
	有组织粉尘	固	吨袋包装		0.6	
	无组织粉尘	固			0.6	
合计					3624(8 万台)	

续 表

名称	名称	形态	贮存方式	特性	数量(t/a)	委托或提供外单位利用/处置情况
废旧空调	普通塑料	固	吨袋包装	不属于危险废物，但可能含有多溴联苯、多溴二苯醚，有环境风险	94.3	常州华奔塑料有限公司 常州市广惠塑料有限公司
	聚氨酯泡沫塑料	固	吨袋包装	可能具有燃爆风险	7.4	常州绿色动力环保热电有限公司
	铜	固	吨袋包装	金属	583.3	常州万聚物资有限公司
	铁	固	吨袋包装	金属	183.6	常州万聚物资有限公司
	铝	固	吨袋包装	金属	61.4	常州万聚物资有限公司
	润滑油	液	桶	属于危险废物，按 HW08 管理	12.6	常州市锦云工业废弃物处置有限公司
	制冷剂	液	专用容器	易燃易爆	5	苏州同和资源综合利用有限公司
	线路板	固	吨袋包装	属于危险废物，按 HW49 管理	34.4	公司自行处置
合计					982 (2万台)	

续　表

<table>
<tr><th>名称</th><th colspan="2">名称</th><th>形态</th><th>贮存方式</th><th>特性</th><th>数量
(t/a)</th><th>委托或提供外单位
利用/处置情况</th></tr>
<tr><td rowspan="4">废电脑(液晶显示器)</td><td colspan="2">CRT</td><td>固</td><td>吨袋包装</td><td>含铅,属于危险废物,按 HW49 管理</td><td>1197</td><td>天津仁新玻璃材料有限公司/TJHW020 津环保许可危证[2012]002 号</td></tr>
<tr><td colspan="2">LCD</td><td>固</td><td>吨袋包装</td><td>属于危险废物,按 HW29 管理</td><td>44</td><td>宜兴市苏南固废处理有限公司</td></tr>
<tr><td colspan="2">普通玻璃</td><td>固</td><td>吨袋包装</td><td>一般工业固体废物,但可能因分离不干净而混入少量含铅玻璃</td><td>280</td><td>天津仁新玻璃材料有限公司/TJHW020 津环保许可危证[2012]002 号</td></tr>
<tr><td colspan="2">普通塑料</td><td>固</td><td>吨袋包装</td><td>不属于危险废物,但可能含有多溴联苯、多溴二苯醚,有环境风险</td><td>542</td><td>常州华奔塑料有限公司
常州市广惠塑料有限公司</td></tr>
<tr><td>合计</td><td colspan="2"></td><td></td><td></td><td></td><td>486.5
(5 万台)</td><td></td></tr>
<tr><td rowspan="5">废电脑(普通显示器)</td><td rowspan="2">金属外壳、散热片、扬声器、风扇、硬盘</td><td>铁</td><td rowspan="2">固</td><td rowspan="2">吨袋包装</td><td rowspan="2">金属</td><td>965</td><td rowspan="2">溧水宁强再生资源有限公司</td></tr>
<tr><td>铝</td><td>32</td></tr>
<tr><td colspan="2">铜米</td><td>固</td><td>吨袋包装</td><td>金属</td><td>46</td><td>溧水宁强再生资源有限公司</td></tr>
<tr><td colspan="2">线路板(含电容)</td><td>固</td><td>吨袋包装</td><td>按 HW49 管理</td><td>314</td><td>公司自行处置</td></tr>
<tr><td colspan="2">锂电池</td><td>固</td><td>吨袋包装</td><td></td><td>47</td><td>上海文城物资回收公司</td></tr>
<tr><td>合计</td><td colspan="2"></td><td></td><td></td><td></td><td>2980.5
(15 万台)</td><td></td></tr>
</table>